U0332434

父母必读 养育系列图书

崔玉涛谈自然养育

辅食添加的学问

崔玉涛　著

北京出版集团
北京出版社

图书在版编目（CIP）数据

辅食添加的学问 / 崔玉涛著. — 北京 ： 北京出版社，2019. 2（2024.5重印）
（崔玉涛谈自然养育）
ISBN 978 - 7 - 200 - 14723 - 0

Ⅰ. ①辅… Ⅱ. ①崔… Ⅲ. ①婴幼儿 — 食谱 Ⅳ. ① TS972. 162

中国版本图书馆CIP数据核字（2019）第031047号

崔玉涛谈自然养育

辅食添加的学问
FUSHI TIANJIA DE XUEWEN
崔玉涛 著

*
北 京 出 版 集 团
北 京 出 版 社 出版
（北京北三环中路6号）
邮政编码：100120

网 址：www.bph.com.cn

北 京 出 版 集 团 总 发 行
新 华 书 店 经 销
北京瑞禾彩色印刷有限公司印刷

*
720毫米×1000毫米 16开本 9.75印张 90千字
2019年2月第1版 2024年5月第8次印刷
ISBN 978 - 7 - 200 - 14723 - 0
定价：35.00 元
如有印装质量问题，由本社负责调换
质量监督电话：010 - 58572393

序言

从医近30年，坚持医学科普宣教也有16个年头了。回想起这些年的临床工作和科普宣教，发现家长对孩子的养育不仅是越来越重视，而且越来越理智。为此，现今的医学科普不仅应该告诉家长一些我们医生认为适宜的结论性知识，更应该给他们讲述儿童生长发育的生理和疾病发生、发展的基本过程，这样才能使越来越理智的家长们正确对待儿童的健康和疾病。

基于这些，产生了继续写书的冲动。试图通过介绍儿童生长发育生理、疾病的基本过程，加上众多的实际案例，与家长一起了解、探索儿童的健康世界。儿童的健康不仅包括身体健康，也包括心理健康。而医学不仅是科学，又是艺术。如何用科学+艺术的医学思维，让发育过程中的儿童获得身心健康，是现代儿童工作者的努力方向。

本套图书试图从生长发育、饮食起居、健康疾病等范畴，从婴儿刚一出生至青少年这人生最为特殊的维度，通过一些基础理论和众多案例与家长及所有儿童工作者一起探索自然养育。

自然养育的基础首先应该全面了解儿童，而每个儿童都是个性化儿童。如何利用公共的健康知识指导个性化儿童的成长？自己的孩子与邻家的孩子有太多不同，该如何借鉴别人的经验？这是众多家长的疑惑，也是很多儿童工作者的工作重心。如果能够通过众多案例向家长和儿童工作者全面介绍儿童的发育、发展规律，以及利用社会公认的方法正确评估个性儿童的发展，会有利于真正全面了解成长中的个性儿童。只有全面了解了个性儿童，自然就会给予恰当的指导，这就应该是自然养育。

本套图书共12册，已出版《崔玉涛谈自然养育 理解生长的奥秘》《崔玉涛谈自然养育 看得见的发育》《崔玉涛谈自然养育 绕得开的食物过敏》《崔玉涛谈自然养育 一学就会的养育细节》《崔玉涛谈自然养育 解锁常见病的秘密》《崔玉涛谈自然养育 直击常见病的护理》6册图书。本册图书重点介绍辅食添加。辅食添加的目的是提供营养、促进发育。辅食添加是生命早期1000天中第三个时期（生后第七个月～生后满两岁）的重要组成部分。其重要性关系着孩子以后的生长，贫血、佝偻病以及过敏等营养相关性疾病的防治；还关系心、肾等重要脏器健康，以及大脑及功能发育，等等。所以辅食添加既包括固体食物的选择、制备；食物喂养的时间、数量；喂养环境和对食物的接受度；还包括孩子咀嚼、配合等进食过程。 本书虽然没有提供辅食的具体食谱，却给家长朋友们提供了辅食添加的全部思路和评估内容。希望辅食添加成为婴幼儿生长发育的正向助力。

在此，感谢17年来父母必读杂志社诸位朋友一如既往的支持。从2002年1月到今天，从《父母必读》杂志每月1期的"崔玉涛大夫诊室"专栏，到《0~12个月宝贝健康从头到脚》，又到《崔玉涛：宝贝健康公开课》，再到现在出版的《崔玉涛谈自然养育 绕得开的食物过敏》，一路的支持与帮助，为我坚定医学科普之路提供了强大的助力。

还要感谢所有支持我的家长、医学同道和我的家人，感谢你们无私和真诚的帮助！

2019年2月于北京

目录

第一章

辅食添加，接受食物第一步

从吸吮到咀嚼，从流质食物到固体食物，这对于孩子来说，具有里程碑的意义。辅食添加，是孩子尝试固体食物的第一步，走好这第一步，才有后面的第二步、第三步……

认识辅食

辅食是过渡阶段的食物

辅食 & 辅食喂养阶段

辅食是指除了母乳及婴儿配方粉以外的任何液体和固体食物，是孩子出生后接触到的奶类以外的第一种食物，是孩子转换进食方式的重要一步。

世界卫生组织建议，当孩子4～6个月，母乳或配方粉喂养已经满足不了他快速发育的营养需要时，应该在饮食中添加补充食品。由纯母乳喂养向家庭食品过渡的阶段被称为补充喂养阶段，特别指孩子6个月到24个月龄的阶段，这也是孩子非常脆弱的一个阶段。补充喂养阶段也就是我们所说的辅食喂养阶段。

世界卫生组织认为，许多孩子就是从这一特殊阶段开始出现营养不良的，这在很大程度上造成了世界范围内5岁以下儿童营养不良的高流行率。

水样的

泥状的

固体食物

及时补充喂养＆充分补充喂养

世界卫生组织建议，在孩子补充喂养阶段，要做到及时的补充喂养和充分的补充喂养。

及时的补充喂养是指所有的婴儿都应从6个月大开始食用除母乳之外的食品。

充分的补充喂养是指在持续母乳喂养的同时，补充食品应当在喂养数量、频率、连贯性及食品多样性方面满足儿童成长的营养需求。食品的口感与儿童的年龄相符，并根据心理保健的原则采用回应式喂食。

世界卫生组织强调，补充喂养的充分性（及时、充足、安全和合理，简称为充分性）不仅取决于一家之内各种食品的可用性，同时还取决于照护者的喂养做法。婴儿喂养需要积极的照料与鼓励，在这种情况下，照护者应当对儿童饥饿的表现做出积极的反应并鼓励儿童进食。这种充分性同时还意味着积极的或回应式的喂养。

世界卫生组织关于辅食添加的建议

世界卫生组织建议婴儿从6个月的时候开始在母乳喂养的基础上摄入补充食品。6~8个月时，以每天2~3次的频率开始提供辅食，在9~11个月逐渐增至每天3~4次，在12~24个月大时根据需要慢慢过渡到和家庭一致的饮食结构。

1	从出生到6个月纯母乳喂养，6个月开始（180天）添加辅食并继续母乳喂养。
2	保持一定频率、按需继续进行母乳喂养至2岁或2岁以上。
3	采取积极喂养的方式。
4	保持良好的清洁卫生和适当的食物处理的习惯。
5	从6个月开始给少量的食物，随着孩子年龄的增长而增加食物的量，同时保持母乳喂养的频率。
6	随着孩子年龄的增长，逐渐增加食物的多样性，适应婴儿的需求和能力。
7	随着孩子年龄的增长，增加每日添加辅食的频次。
8	多样化的辅食以确保满足营养需求。
9	如有需要，给婴儿提供强化辅食或维生素——矿物质补充。
10	在孩子患病时增加液体的摄入，包括增加母乳喂养的频次、鼓励他进食软的、多样的、有口味的、喜爱的食物，康复后，提供较平时更多的食物并鼓励孩子多吃。

为什么要按时添加辅食

满足生长发育的需要

　　小满已经6个多月了，体检时医生告诉妈妈，小满有些贫血，询问妈妈小满辅食都添加了哪些品种。妈妈说："我的奶特别足，小满吃奶吃得也很好，我想着母乳肯定是最有营养的，既然他爱吃，那就多让他吃一段时间吧，所以还没给他加辅食呢。"医生告诉妈妈，这种做法是不对的，宝宝满6个月后一定要添加辅食，否则会影响到宝宝的生长发育。

6个月后，只有奶类满足不了生长需要

　　孩子从出生到6个月，只要能够摄入足够的母乳或婴儿配方粉，正常情况下都能满足生长发育的需要。

　　孩子处于快速生长期，对营养素的需求很高，但是奶类所含的蛋白质、热量及其他营养素特别是铁已经不能满足他生长发育的全部营养需求。这时候，适时地添加辅食可以补充乳类喂养的不足，否则孩子有可能出现生长变缓、贫血等问题。

主角+配角，为孩子的生长提供充足的营养

虽然要给孩子添加辅食，但孩子的主要营养来源还是乳类，从字面上也可以看出，辅食只是起到辅助的作用，唱主角的还应该是乳类，所以，在给孩子添加辅食的时候，乳类仍然要保证足够的摄入量。

提高认知，促进心理发育

添加辅食和孩子的营养摄入有关系，为什么还和认知、心理发育有关系？因为随着孩子慢慢长大，他的味觉、嗅觉、触觉等神经系统的发育需求也在增加，小手需要进一步培养抓握能力。而适时给孩子添加辅食，不仅可以给他提供充足的营养，通过品尝、咀嚼、抓握等方式，还可以帮助孩子进一步认知世界，有利于培养孩子对新事物的接受能力，建立自信和安全感，促进心理健康发育。所以，辅食阶段很重要，不能忽略，更不能跳过这个阶段。

让孩子享受食物的味道

妈妈带着6个月的丢丢去体检，医生告诉妈妈，丢丢已经满6个月了，应该添加辅食了。可丢丢妈妈却说，丢丢的体重、身长增长都很好，母乳吃得也很好，担心添加辅食后丢丢不爱吃母乳了，所以不着急添加辅食。医生说，尽管宝宝的生长正常，也应该按时添加辅食，因为宝宝需要接触各种食物的味道，促进他的味觉发育，而且也能避免宝宝以后挑食、偏食。

口味：先天喜好+后天习得

孩子很早就有了味觉，甚至在没出生时，味觉系统就已经开始建立了。味觉是孩子出生时最发达的感知觉，孩子一出生就具有比较完整的味觉系统，能够辨别酸、甜、苦、辣等味道。他们先天就喜欢有甜味的食物，对于其他味道的食物则产生抗拒。

当然了，孩子的口味有先天的喜好，但更多的是后天的培养，辅食添加是孩子口味培养的重要阶段，通过添加辅食，可以让孩子熟悉、了解各种食物的味道，从而感知食物的不同味道，形成后天的口味喜好。

每次只尝一种口味的食物

在添加新辅食的时候，每次只给孩子尝一种口味的东西，比如，只吃胡萝卜泥或只吃土豆泥，而不是吃胡萝卜泥、土豆泥混合在一起的菜泥。

这样做可以避免过敏，一旦孩子发生食物过敏，能够很快知道他是对哪一种食物过敏，而混合食物不容易判断他究竟是对哪一种食物过敏。

早期接触不同的味道，可避免挑食

孩子的口味是需要学习的。大脑接受的味道越多，味觉信息库的储藏量就越丰富，也就可以进一步提高味觉的适应能力。

6个月～1岁正是孩子味觉发展最灵敏的时期，在这个时期，孩子最容易接受食物的味道。适时添加辅食，能够扩大孩子味觉感受的范围，避免日后形成挑食、偏食等不良进食习惯。所以，在孩子满6个月时，一定要给他添加辅食。

但是，有的家长在这件事上也会走入另外一个极端：为了让孩子接触更多的食物，每天都要给孩子吃十几种食物，甚至家里以前从未吃过的食物也让孩子尝试。这种做法没有必要，因为并不是让孩子把所有的味道都尝到了才更有利于他的味觉发育，只要孩子尝试家里经常吃的食物种类就可以，这样既能让孩子接触不同食物的味道，又能避免食物过敏的风险，因为早期孩子接触外来的、家长也不曾吃过的食物，过敏的风险比较大。

味道会储存在孩子的记忆中

孩子接触不同的食物之后，他对于某种食物味觉的好与坏，会在大脑里储存起来。比如孩子吃了某种食物后觉得恶心、肚子疼，他的大脑就会把这种感觉储存起来，留下记忆。等到下次再给孩子吃这种食物时，他就会条件反射地拒绝吃。同样地，孩子对喜欢的食物也有正面的条件反射。如果他吃过某一种食物，感到愉快和满足，下次再给他吃这种食物时，他会欣然接受，明显表现出对这种食物的喜爱之情。

锻炼咀嚼能力

　　给沐沐添加辅食并不顺利，因为每当妈妈把辅食喂到他的嘴里，他还是像吃奶似的用嘴吸吮，不会嚼，折腾半天也没吃下去多少。妈妈很困惑地问医生："我看别的宝宝吃得挺好的，我家宝宝怎么不会嚼啊！是不是等大一点儿再添加他就会了？"医生告诉妈妈，家长要做的是教宝宝学习咀嚼，而不是推迟添加辅食，因为咀嚼是需要学习的，而且咀嚼对宝宝的颌骨、牙齿发育都有促进作用。

吸吮天生就会，咀嚼需要学习

　　从奶类食物到辅食，对于孩子来说，不仅仅是接触新食物的开始，也是进食方式向成人转换的开始。孩子在吃奶的时候，是以吸吮的方式摄入食物，吸吮是孩子天生就会的。而开始添加辅食之后，他的进食方式将发生改变，不再是吸吮，而需要有咀嚼的动作，咀嚼不是孩子天生就会的，需要学习才能掌握。

辅食，学习咀嚼的开始

　　孩子最终是要跟我们一起吃饭的，也就是说，他要像我们大人一样，把食物吃到嘴里，嚼碎了吞咽下去。及时给孩子添加辅食，就是为了让孩子能够学会咀嚼，锻炼他的咀嚼能力。

　　孩子吃奶类食物的时候，是不需要咀嚼的，但当接触固体食物的时候，就要有咀嚼的动作了。但孩子又不会咀嚼，怎么办？要想让孩子学会咀嚼，家长要给孩子做示范，当着孩子的面夸张地嚼东西给他看，他会不自觉地模仿，慢慢地就掌握技巧了。学会了咀嚼，等到孩子长出磨牙，就能吃块状的食物了。

但是我们发现，有的孩子到了两三岁还不会咀嚼，东西喂到嘴里直接往下咽，询问家长后得知，家长担心孩子嚼不烂食物影响营养的摄入，迟迟不给孩子添加辅食，即使加了辅食也一直给孩子吃软烂的泥糊状食物，导致孩子迟迟学不会咀嚼。

咀嚼可以促进颌骨、牙齿的发育

孩子的颌骨发育与咀嚼密切相关，因为颌骨在发育过程中会逐渐变长、变宽。而这些变化，主要依赖于对食物的咀嚼。有力的咀嚼活动可以促进脸颊下部骨头的发育。咀嚼越多，口腔内的发育就越协调。而颌骨发育得好，能够给牙齿的发育打下良好的基础，不仅能够促进乳牙的发育，对恒牙的发育也有好处。

咀嚼较硬的食物有利于发展孩子脸部的肌肉和舌头的正确位置，让舌头贴紧颚部。相反，如果家长担心孩子吃有硬度的、块状的食物不能很好地消化，而继续只让他喝奶、吃泥糊状的辅食，那他将继续维持原始的吞咽动作：舌头始终待在上下牙齿之间，这样的动作使孩子的颌骨得不到很好的发育。所以，一定要根据孩子的年龄和出牙的情况给他提供适合的辅食，以免影响到颌骨和牙齿的发育。

我要吃能咀嚼的辅食

辅食添加的时机

满6个月，开始添加辅食最合适

田田3个多月了，食量很大，母乳不够吃。奶奶说，可以给宝宝加米粉了。妈妈有点犹豫："宝宝才3个多月，早了点儿吧？"奶奶说："不早了，他爸爸小时候吃米糊吃得更早，长得特壮实！"奶奶买来米粉给田田吃，没想到田田吃得挺好，这下奶奶可高兴了。可妈妈还是不放心，咨询了医生，医生建议至少要等到满4个月后才能添加辅食。

生长正常，满6个月开始添加

我国2016版的居民膳食指南中，建议在孩子满6个月时添加辅食，而欧洲的居民膳食指南则建议孩子在4～6个月时添加辅食。

足月的孩子从4个月大开始，胃肠道功能和肾脏功能就已经发育得足够成熟，有能力处理辅食了。到了4～6个月，孩子已经具备必要的动作技能，能够安全地应对辅食。

孩子到底什么时候添加辅食合适，还要看孩子的具体情况。如果身长和体重都增长正常，建议在孩子满6个月时添加辅食。如果家长觉得自己已经很努力地喂养了，孩子还是出现生长变缓的情况，可以带孩子去找医生，在医生的建议下，适当提前添加辅食的时间，但也要在孩子满4个月之后添加辅食。

过早或过晚，都不利于健康和发育

孩子还未满6个月就添加辅食，哪怕只是添加菜汁、果汁等液体食物，也属于辅食添加过早，对孩子的健康不利。而满6个月后仍迟迟未添加辅食，同样不利于孩子的生长发育。

过早

未满6个月

● 增加孩子消化系统的负担。这个阶段的孩子消化功能弱，消化腺不发达，分泌功能差，许多消化酶还没有形成。无法很好地消化辅食。

● 加大食物过敏的风险。孩子满6个月之前，肠道的通透性比较强，屏蔽作用差，很多不适合人体的蛋白质容易通过肠壁进入血液，导致孩子出现食物过敏。

● 给肾脏带来压力。如果过早添加辅食，孩子的胃肠不能很好地消化，吸收淀粉类及异体蛋白的食物，容易出现腹胀、腹泻，将给尚在发育的肾脏带来很大压力。

● 增加肥胖的可能。远未满6个月就开始添加辅食，有可能增加孩子以后肥胖的概率。

过晚

6~8个月

● 孩子满6个月后迟迟还未添加辅食，会导致营养不良，使孩子失去品尝各种食物的机会。

● 6~8个月是孩子学习吞咽和咀嚼的关键期，如果迟迟不给孩子添加辅食，会使孩子错过学吃的关键期，影响他日后正常进食固体食物和口腔及语言的发育。

拥有吃辅食的本事了

　　嘉嘉的宝宝马上就要满6个月了，添加辅食的事情已经提到了家庭议事日程，她看了不少资料，有些问题还是不太明白，于是请教医生："宝宝添加辅食的时间一定要满6个月吗？是不是早一两天或晚一两天都可以？"医生告诉她，宝宝什么时候应该加辅食，客观上要看宝宝的身体是否具备了接受辅食的能力，主观上要看宝宝是否对吃饭感兴趣。这两点都具备了，就可以添加辅食了。

他的身体做好准备了

　　具体什么时候开始添加辅食，要看孩子的身体是否做好准备了。如果孩子已经能够较稳地独坐，挺舌反应已消失，说明身体已经具备接受辅食的能力了。

他对吃饭感兴趣

客观上，孩子的相关发育已经让他具备了吃辅食的能力，但这并不意味着可以马上加辅食了，还要看他主观上对吃饭有没有兴趣。家长可以通过以下几个方面来对照一下自己的孩子是否愿意吃辅食：

看见大人吃饭，他会目不转睛地盯着看大人吃饭菜的过程，嘴巴还会跟着动，会流口水，并不自觉地做出吞咽的动作。

喜欢用手去抓大人正要吃的东西。

当大人把食物送到他嘴边时，他会表现得很兴奋。

喜欢将手上的东西放到嘴里。

看身体状况

小艾的宝宝满6个月了，体重增长一直很好，小艾决定等宝宝满6个月时给他添加辅食。可不巧的是，宝宝刚满6个月就感冒了，不发烧，只是有点儿流鼻涕，偶尔咳嗽几声。小艾带宝宝去看医生："宝宝这种情况能不能加辅食啊？用不用推迟到宝宝病好了再加？"

轻微小病，不影响添加辅食

孩子在应该添加辅食的时候出现轻微的小病，如果不影响心肺功能，可以正常添加辅食的，辅食是食物，不是药物，孩子有点儿感冒、咳嗽，与是否添加辅食没有必然的关系。

腹泻时，暂缓添加

如果孩子出现了腹泻，那么还是要暂缓添加辅食。因为孩子在腹泻时，胃肠功能会减退，对于新食物的消化和吸收会受到影响。而且孩子出现腹泻时添加辅食，难以判断孩子对于辅食的接受适度如何，不知道是因为疾病引起的腹泻还是辅食引起的腹泻。

辅食添加前，要做什么准备？

准备制作工具

就要给宝宝添加辅食了，小樱决定自己给宝宝做爱心辅食。工欲善其事，必先利其器，制作辅食的工具当然要事先准备好。小樱逛实体店、上网搜，发现辅食制作工具还真不少，她犯愁了：到底该挑选哪些必备的工具？

手动研磨碗、研磨棒 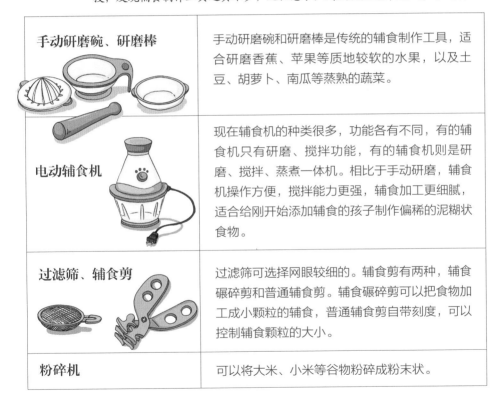	手动研磨碗和研磨棒是传统的辅食制作工具，适合研磨香蕉、苹果等质地较软的水果，以及土豆、胡萝卜、南瓜等蒸熟的蔬菜。
电动辅食机	现在辅食机的种类很多，功能各有不同，有的辅食机只有研磨、搅拌功能，有的辅食机则是研磨、搅拌、蒸煮一体机。相比于手动研磨，辅食机操作方便，搅拌能力更强，辅食加工更细腻，适合给刚开始添加辅食的孩子制作偏稀的泥糊状食物。
过滤筛、辅食剪	过滤筛可选择网眼较细的。辅食剪有两种，辅食碾碎剪和普通辅食剪。辅食碾碎剪可以把食物加工成小颗粒的辅食，普通辅食剪自带刻度，可以控制辅食颗粒的大小。
粉碎机	可以将大米、小米等谷物粉碎成粉末状。

了解加工方法

辰辰准备好了齐全的辅食制作工具，准备着手给宝宝做辅食了。说起来容易，做起来可不简单，如何加工，如何制作，都是学问。辰辰决定虚心向过来人请教。经过朋友手把手的指教，辰辰总算掌握了一些基本的加工方法，有了一些心得。

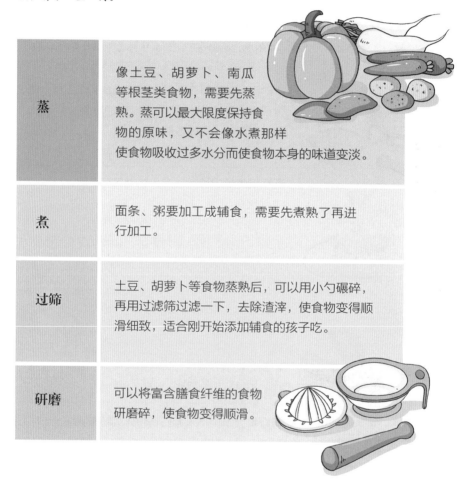

蒸	像土豆、胡萝卜、南瓜等根茎类食物，需要先蒸熟。蒸可以最大限度保持食物的原味，又不会像水煮那样使食物吸收过多水分而使食物本身的味道变淡。
煮	面条、粥要加工成辅食，需要先煮熟了再进行加工。
过筛	土豆、胡萝卜等食物蒸熟后，可以用小勺碾碎，再用过滤筛过滤一下，去除渣滓，使食物变得顺滑细致，适合刚开始添加辅食的孩子吃。
研磨	可以将富含膳食纤维的食物研磨碎，使食物变得顺滑。

第二章

糊状食物
到成人食物

泥糊状食物是辅食的第一站，它引领孩子迈入成人食物世界的大门，让孩子体会到食物味道的丰富多彩。辅食添加的原则是什么？第一种辅食加什么、加多少？如何从泥糊状食物过渡到小块状食物，再到成人食物？这中间，需要家长遵循孩子的发育脚步，选择最适合小家伙的方式来添加。

辅食添加有原则

从少到多、循序渐进

宝宝马上就要添加辅食了，虽然之前安然做了一些功课，但真正到了准备实施的时候，妈妈还是心里没底：医生说了，给宝宝添加辅食要从少到多、循序渐进，意思是理解了，可我想知道，少到底是多少，然后怎么循序渐进地增加，是每餐的量增加还是增加餐数，谁来告诉我具体怎么做。

从每天1次、每次1小勺开始

给孩子添加辅食，要从少到多，循序渐进，不能操之过急。用小勺吃东西需要的反射和技巧跟吸吮不一样，孩子需要一些时间来学习如何吃辅食，所以，要根据孩子的接受程度来决定从少到多的进度。

刚开始添加辅食的时候，每天添加1次，每次1小勺，看看孩子是否能顺利吞咽下去。一种新食物连喂3~7天后，孩子的消化情况良好，大便正常，也没有出现皮疹、腹泻等过敏反应，这时再考虑添加另一种新食物。不要在3天之内添加两种以上的食物，否则一旦出现异常反应，难以判断是哪一种食物引发的食物不耐受或食物过敏。

初期：以习惯辅食的味道和口感为目的

添加辅食的初期，不要太在意孩子吃了多少，因为刚开始添加辅食，主要目的是让孩子了解这种新的进食方式，让孩子习惯与奶不同

的新食物的味道和口感，而不是指望着这顿辅食能给他提供一餐所需要的能量，因为在初期添加辅食时，这是不可能达到的事。只要他愿意接受这种进食方式，愿意接受泥糊状食物的口感，就说明辅食添加是顺利的。

根据孩子的接受度循序渐进增加

孩子顺利接受辅食后，就可以循序渐进地增加辅食的量、次数以及品种了。但是要记住的是，无论孩子多愿意吃辅食，消化如何好，也要一次只加一种新食物，最快也要隔3天再加另一种新食物。量的增加，看孩子吃奶的情况和对辅食的接受情况，大致可以参照以下的表格：

年龄	建议
6个月	第一种辅食添加3~7天后，可以逐渐加量，从1小勺（5毫升左右）增加到2~3小勺。如果增加后孩子的大便正常，可以再根据他的食量逐渐增加，但不能增加得太快，因为他的消化系统需要时间来适应。
7~9个月	每天添加辅食的次数可以增加到3次，每次的量也可以比6个月时多一些，具体的量要根据孩子的接受度来定，不要过于严格地规定量，因为不同的孩子，食量会有差别，我们成人也不是每个人的食量都一样的。但要注意的是，母乳或配方粉要保持在每天600~800毫升，不要超过1000毫升。
10~12个月	每天仍然可以添加3次辅食，量可以根据孩子的情况比之前略有增加，奶量依然要保证每天600~800毫升，不超过1000毫升。这个阶段要培养孩子规律用餐的习惯。

从稀到稠、从细到粗

　　小君产假休完后，宝宝就由姥姥带了。马上宝宝就满6个月了，小君和姥姥商量给宝宝加辅食的事，姥姥表示，她可以给宝宝做辅食。小君按照医生的建议叮嘱姥姥："宝宝刚开始加辅食的时候要稀一点儿、细一点儿，以后再慢慢加稠、加粗。"姥姥不以为然："自己做的哪有那么多讲究，这顿稀点儿，那顿稠点儿没事，宝宝习惯了就好。"

从稀到稠根据孩子的发育来定

　　6个月以前，孩子的舌头只会前后运动，直接吞咽食物，而且吞咽能力也有限，所以辅食要做得细致顺滑一些，而且不能太稠，较稀的糊状比较合适。

　　孩子第一次吃非液体的食物，他可能会感到不知所措，所以要耐心地喂他。把小勺轻轻地放在他的下唇中间，等他闭合上唇，把食物含到嘴里后，再把小勺抽出来。如果孩子把辅食吐出来，可能是他还不适应这种喂养方式，可以再尝试着喂他，喂过几口，他就知道该怎么吃了。

　　如果刚开始添加辅食的时候，就给孩子吃比较稠的食物，孩子吞咽比较困难，有可能因为咽不下去而出现作呕、反胃的情况，孩子会因为不舒服而哭闹，甚至会拒绝吃辅食，从而影响辅食添加的顺利进行。刚开始要给孩子吃比较稀的辅食，随着他吞咽能力慢慢增强，再逐渐增加稠度。以主食为例，米粉—稀粥—稠粥—软饭，就是由稀到稠的过程。

那怎么区别稀与稠呢？将盛有泥糊状食物的勺子倾斜，较稀的泥糊状食物会像液体一样连续滴落下来，较稠的泥糊状食物是缓慢地、一滴滴地掉落下来，而更稠的泥糊状食物则是黏在一起成团滚落下来。

较稀的泥湖状食物　　　　　较稠的泥湖状食物　　　　　更稠的泥湖状食物

从细到粗，根据孩子的胃肠及牙齿发育而定

辅食添加要由细到粗，是根据孩子的吞咽能力、消化能力和咀嚼能力来定的。孩子刚开始添加辅食的时候，吞咽能力和消化能力还比较弱，辅食要做得细一些，随着他的吞咽能力和消化能力逐渐增强以及磨牙的萌出，可以慢慢增加粗颗粒的食物。

添加过程可以参考以下建议：

年龄	建议
6个月	以糊状食物为主，如米粉、蔬菜糊、水果糊等。
7～9个月	逐渐从泥糊状食物向半固体食物过渡，以适应孩子吞咽能力及消化能力的发育，可以尝试米粉、稠粥、烂面条、菜泥、果泥、鱼泥、肉泥等。
10～12个月	为锻炼孩子的咀嚼能力，促进牙齿的萌出和颌骨的正常发育，可以适当增加食物的硬度，给孩子提供碎菜、软饭、豆腐、馄饨、包子等。

从细到粗的速度，根据孩子的自身情况来定

要提醒家长的一点是，孩子牙齿的萌出时间个体差异很大，没有长出磨牙就无法咀嚼食物，所以，添加辅食的细与粗，要根据孩子的吞咽能力、消化能力和牙齿萌出的情况来具体安排辅食，千万不要看到同月龄的孩子已经吃碎菜、稠粥了，也赶紧给自己的孩子吃。孩子添加辅食，不是同月龄就必须一样的。

那什么食物才叫细，什么才叫粗呢？

细：是指泥糊状食物细到肉眼看不出颗粒，孩子不用嚼就可以直接咽下去。

粗：是指肉眼能看到食物的颗粒，需要咀嚼才能咽下去。粗也要分等级，一点点地增加颗粒的大小，比如菜泥—菜末—碎菜。

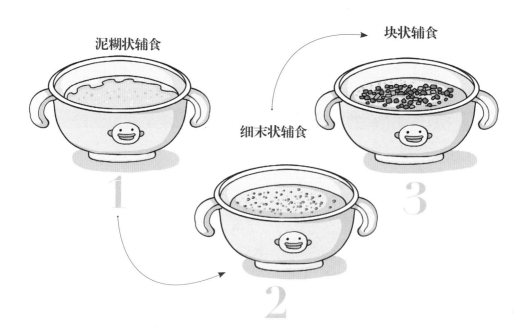

泥糊状辅食

细末状辅食

块状辅食

添加初期，做好观察与记录

嘟嘟添加辅食快一个月了，他很爱吃辅食，但是妈妈发现自从添加辅食后，他的大便量比以前多了，而且大便次数也比以前多了，妈妈担心他吃辅食消化不好，带他去看医生。医生询问嘟嘟都加了哪些辅食，吃了多少，除了大便增多，还有哪些反应。妈妈拿出一张记录表来给医生看，医生需要了解的信息上面都有记录，医生夸妈妈做得好！

添加新食物，观察他的接受度

给孩子添加辅食的初期，每添加一种新食物，都要特别注意观察孩子对这种食物的接受度如何，是否能顺利消化吸收，是否有食物过敏的现象。如果3天以后孩子没有什么不良反应，排便正常，说明他对这种食物适应良好，这时再给他添加一种新的食物。

如果在添加某种新食物的1~2天内，孩子出现呕吐、腹泻、湿疹等不良反应，说明他对这种食物的接受度不好，要暂时停止喂养这种食物，等上面提到的症状消失后，再从少量开始尝试。如果孩子吃了这种食物又出现同样的不良反应，那可能是他对这种食物过敏了，要回避这种食物至少3个月。

食物过敏了

做个辅食添加记录表

　　孩子初期添加辅食，家长最好能做个简单的表，记录下孩子每天吃辅食的种类、数量，孩子吃辅食后的反应及排便次数、性状等情况。这样做不仅可以直观地了解孩子每天吃辅食的情况，而且孩子如果有不良反应，便于查找原因。带孩子去看病时，还可给医生提供准确信息，有助于医生做出更准确的诊断。

辅食添加记录表				
日期	辅食种类	异常反应	大便情况 （腹泻、便秘）	其他 （性状、次数）
1				
2				
3				
4				
5				
6				
7				

辅食添加的种类

第一种辅食选什么?

牛牛马上就6个月了，一直是母乳喂养。体检的时候，医生提醒妈妈，满6个月时该给牛牛添加辅食了。回家后，妈妈特意去了超市，给牛牛买了婴儿营养米粉。姥姥却提了不同意见："宝宝刚开始应该加蛋黄，你小时候医生就是这么跟我说的。"同事也发表了自己的观点："米里的营养哪有肉的营养丰富? 应该给宝宝先加肉泥!"

妈妈彻底糊涂了：宝宝的第一种辅食到底该吃什么?

第一种辅食吃蛋黄已成过去式

孩子第一种辅食吃什么? 这与科学的发展、时代的进步有关系，所以，姥姥说得没错，只不过需要加个前提条件：是在二三十年前的条件下，而放到现在就不合适了。可见，不是食物本身有问题，而是应该根据现实的情况来做选择，才是最合适的。

二三十年前，之所以把蛋黄作为孩子的第一种辅食，是因为蛋黄比家里自制的米糊、面糊更有营养，而且医生认为蛋黄含有铁，可以有效纠正孩子6个月左右缺铁的情况。但随着研究的深入，研究人员发现，蛋黄虽然含铁量比较高，但孩子的胃肠消化能力还比较弱，蛋黄不容易被吸收，还容易造成孩子呕吐、皮疹、腹泻，甚至影响到孩子的生长发育，所以，现在一般不推荐把蛋黄作为孩子的第一种辅食。

强化铁米粉更适合

这里说的米粉，不是自己家里用大米磨的米粉，而是成品婴儿营养米粉。这种婴儿米粉就像婴儿配方粉一样，里面除了大米粉以外，还添加了孩子生长发育所需要的各种营养素，比自制米粉营养更全面。

孩子6个月后，体内储存的铁已经消耗得差不多了，尤其是母乳喂养的孩子，因为母乳中的铁无法满足孩子生长的需要，所以6个月左右的孩子容易出现缺铁性贫血。强化铁的米粉可以补充孩子铁的不足，更适合当作孩子的第一种辅食。

肉类不建议当作第一种辅食

孩子的第一种辅食应该选择易吞咽、易消化、营养丰富的食物，肉类食物虽然营养丰富，含有丰富的铁，但因为肉类的纤维比较粗，即使制成泥糊状，颗粒也无法达到很细致，需要咀嚼后才能咽下。在刚开始接触辅食的时候，孩子的吞咽能力还比较弱，而且还不会咀嚼，东西送到嘴里直接就咽下去了。如果把肉泥作为第一种辅食，有可能导致孩子吞咽不下去，造成反胃、呕吐，而这种不愉快的添加经历有可能导致孩子拒绝这种进食方式，影响到辅食添加的顺利进行。另外，肉类食物不太容易消化，孩子的胃肠功能还比较弱，进食肉类会加重消化系统的负担，导致孩子因消化不好而出现腹泻。所以，肉类并不适合作为首先添加的食物。

首推婴儿营养米粉作为孩子的第一种辅食，是因为米粉更符合我们国家的饮食习惯。而且婴儿营养米粉中添加了铁的成分，所以不必因为担心孩子缺铁而急于加肉泥。

大米米粉、燕麦米粉，营养差别不大

豆包5个多月了，妈妈的闺密刚从美国回来，特意给豆包带回了好多米粉，她跟豆包的妈妈说："这是我从美国带回来的燕麦米粉，比大米米粉营养好，我看到美国宝宝都吃这种米粉。你应该给宝宝吃这种米粉。现在代购很方便，吃完了可以找代购买。除了燕麦米粉，还可以买小米米粉、小麦米粉，反正都让他尝尝呗！"

选择大米还是燕麦，由家庭饮食习惯来定

同样是米粉，是大米做的、小米做的还是燕麦做的，其实从营养的角度来看，没有本质的差别，因为这些都是谷物类的成品米粉，都添加了孩子生长发育所需要的营养素，都可以满足孩子生长的需要，说燕麦米粉的营养比大米好是没有科学依据的。

在选择什么样的米粉这个问题上，家长需要考虑的，是自己家里经常吃什么样的主食，而不是考虑哪种米粉的营养更好，更不要一味

地认为国外的米粉比国内的好。如果家里经常吃米饭，那么给孩子选择大米米粉就很好，孩子适应了大米的口味，以后吃成人饭也能顺利接受。美国的家庭习惯于吃燕麦，所以他们给孩子选择燕麦米粉，这是依家庭饮食习惯而来的。可见，即使是辅食添加，也需要把地方饮食习惯及家庭饮食习惯考虑进去。

不要把超市"搬回家"

有的家长带孩子来体检时，会问我这样的问题："我给孩子买了大米米粉、燕麦米粉、谷物米粉、小米米粉，可以每样一罐地给他吃吗？"问家长为什么要这么买，她说，超市里有这么多品种，觉得哪一种都想给孩子尝尝，就都买回家了。

前面说过，无论是燕麦米粉、大米米粉还是小米米粉，在营养上没有什么本质差别。所以，给孩子选择一两种家庭常吃的种类就可以了。我们平时去超市买东西，也是有选择性地购买，不会把某个品种的食物都买回来，孩子的食物也一样可以选择，不必要照单全收。请相信，孩子绝对不会因为少吃某样米粉生长发育就受到影响。

选择辅食，宜近不宜远

饮食是带有很强的地域性的，在我国，北方人跟南方人的饮食习惯不一样，西部的饮食习惯和东部的饮食习惯也不一样，更别提国内和国外的差别了。

在给孩子选择辅食的时候，同样要考虑到口味的地域性、本土性问题。食物选择宜近不宜远，尽量给孩子选择家里大人常吃的食物、本地产的食物。如果去买那些奶米粉、麦米粉，甚至燕麦米粉、水果米粉，以后孩子的味觉就容易被西化，当他和家人一起吃饭的时候，你会发现他的饮食习惯和家人的不太一样，这时再想纠正就困难了。

冲调米粉，用奶还是水？

晨晨就要添加辅食了，妈妈没少向有经验的朋友、同事请教。但是她发现，在用什么冲调米粉这个问题上，不同的人有不同的建议，有人说，用水冲调就可以了，有人说应该用奶冲调。妈妈还分别用奶和水冲调完了自己尝一尝，发现用水冲调的是米香味，而用奶冲调的是奶香味。到底让晨晨吃哪种口味的呢？妈妈拿不定主意。

用奶还是用水冲调，关系到以后的口味

孩子接触的第一种奶之外的食物通常都是米粉，冲调米粉时，用奶还是用水？可能很多家长不觉得这是什么问题，爱用什么就用什么呗！其实，用奶还是用水冲调米粉，关系到孩子将来的口味，需要认真对待。

婴儿配方米粉最早出现于西方国家，西方的饮食以西餐为主，他们从给孩子添加辅食的时候，会逐渐引导孩子怎么接受西餐的味道。所以，他们通常会用奶来调冲米粉，孩子长大以后，就会接受食物里奶的味道。而我们中国人并不习惯这样的味道。

如果用奶来给孩子冲调米粉，孩子从小适应了这样的口味，等到能吃成人食物的时候，他就不愿意吃了，因为不是他从小熟悉的味道。

所以，建议用水来冲调米粉，因为用来冲调米粉的奶量并没有多少，不存在用奶冲调更有营养的问题，而且米粉里面的营养已经很全了，没必要为了营养而用奶冲调。

让孩子接受本土化的口味

每一个人从出生开始，都面临着要在自己生活的环境里更好地适应的问题，而孩子早期接触到的各种食物，无论是口味还是烹调方法，会影响他今后一生的口味和对食物的接受度。如果不能融入家庭环境和周围的环境，对孩子来说，吃饭就会成为一件不愉快的事情，会影响到他的身体和情绪。

营养和文化息息相关

不同的地方有不同的文化，也有不同的饮食习惯，这种饮食文化是有很强的地域性的。现在很多孩子从小接触到的配方粉、婴儿罐装食品，甚至零食，口味都是西化的，以后让他和家里人一起吃饭，接受中餐的时候，他的接受度会出问题。也就是说，我们很多的饮食文化被孩子所抵触，被他们所嫌弃。可见，饮食不仅仅代表着各种营养素，它必须跟我们的文化背景相融合，不能将营养与文化完全分割开来。

辅食，吃什么比吃多少更重要

8个月的小布丁已经添加辅食3个月了，体检时却被医生告知，近几个月小布丁的生长变缓了，询问妈妈添加辅食情况。妈妈觉得很意外："宝宝辅食吃得挺好的啊，每次能吃小一碗呢！"医生进一步询问宝宝吃的辅食种类是什么。妈妈说："有大米粥、土豆泥、胡萝卜泥、香蕉泥、苹果泥，种类不少了，而且每一种宝宝都很爱吃，怎么会长得不好呢？"

吃得多≠营养够

从上面那位妈妈给孩子吃的辅食种类可以看出，她给孩子吃的是粥、水果和蔬菜，虽然品种不少，但这么多的食物里蛋白质含量都很少，或者没有蛋白质，孩子虽然吃得不少，但因为这些辅食里的热量很少，它产生的能量不能满足孩子生长发育的需要，自然会出现生长速度变缓的情况，这种情况在辅食添加中很常见。

　　添加辅食时，家长往往关注孩子吃了多少，认为吃得多营养摄入就多，但却没有想到每一顿辅食中的能量是多少，是不是能满足孩子生长发育的需要，所以当孩子添加辅食后生长速度变缓，家长却不明白其中的原因，就像上面那位妈妈说的那样：孩子辅食明明吃得很好，种类也不少，为什么长得不好？这是因为家长在选择辅食的种类上出了问题，孩子吃得多，但辅食里的营养却达不到孩子生长的需要，所以孩子生长受到了影响。

　　在给孩子选择辅食时，要遵循主食、肉、菜2:1:1的比例。这样的搭配可以使孩子获得充足而均衡的营养，保证他生长发育的需要。

生长需要保证足够的碳水化合物

　　婴儿营养米粉以米为基础，又添加了很多营养物质，在孩子还无法摄入大量红肉补铁的时候，它能够给孩子提供足够的热量，所以，婴儿营养米粉不仅仅是主食，还是孩子获取热量最直接的方式，一定要给孩子吃够量，否则会影响他的生长。

菜泥，根茎类菜、绿叶菜，不分先后

妮妮米粉吃得很顺利，妈妈准备给她添加菜泥了。但在先吃什么菜的问题上，妈妈和姥姥有不同意见，妈妈说先做土豆泥、胡萝卜泥，因为市场上的罐装菜泥都是这种根茎类菜做的。姥姥说，应该先用绿叶菜做辅食，因为绿叶菜的维生素含量高。谁都觉得自己有道理，只好请教医生，医生的建议是，先吃哪种都可以，但制作的方式有不同，这是家长要注意的。

选绿叶菜还是根茎类菜，依家庭饮食习惯定

给孩子添加菜泥的顺序没有严格的规定，先加绿叶菜泥还是根茎菜泥，依家庭的饮食习惯而定。如果家庭平时习惯于吃绿叶菜，那就先给孩子加绿叶菜泥。如果家庭习惯于吃土豆、胡萝卜、南瓜等根茎菜，那就先给孩子加根茎菜泥。

市场上的成品辅食之所以没有绿叶菜做的菜泥，并不是因为绿叶菜的营养价值不如块状菜，而是绿叶菜不适合制作成成品。绿叶菜做熟后，如果不马上吃掉，放置时间长了，或再次加热时，会产生亚硝酸盐，对人体有害。所以要提醒家长，自制的绿叶菜泥要现做现吃，不能存放。

另外，无论是给孩子先吃哪种菜泥，应该很快就添加另外一种菜泥，这样两种类型的蔬菜孩子都能吃到了。最好是把绿叶菜和根茎类菜混合在一起给孩子吃，这样营养摄入更全面、更均衡，而且还能避免孩子拒绝带点苦味的绿叶菜。

绿叶菜先焯水，根茎类菜先蒸

　　虽然绿叶菜和根茎类菜没有太大的区别，先添加哪一种都可以，但在制作方法上，还是有区别的。

　　根茎类菜泥的制作方法：

　　根茎类菜里所含的营养素（如胡萝卜里含的维生素A）一般不怕高温，在蒸煮过程中营养素不会有太大变化，不会造成营养素的大量流失。而且根茎类菜不容易熟，所以要先蒸熟。

第1步	第2步	第3步
将根茎类菜洗净，去皮。	将根茎类菜切成块，放在锅上蒸熟。	将蒸熟的根茎类菜放入搅拌机中，加入适量的水搅拌成泥糊状。

绿叶菜泥制作方法：

在绿叶菜泥的制作过程中，很多妈妈习惯于先把绿叶菜蒸熟了，再打成泥状，这种做法是非常错误的。

正确的操作方法是：先焯一下水再打成泥。因为绿叶菜的维生素主要是水溶性的维生素B和维生素C，在蒸煮过程中会造成很大的营养流失，简单焯一下水可以保留大部分的维生素和纤维素。

第**1**步

将绿叶菜洗净。

第**2**步

锅里放水，煮开后下入绿叶菜，焯水一分钟后取出。

第**3**步

将焯好水的绿叶菜放在搅拌机搅拌成泥。因为绿叶菜水分较大，而且焯水的过程中也吸入了不少水分，所以不必再额外加水搅拌。

肉泥，红肉、白肉交替吃

毛毛顺利接受了米粉和菜泥、果泥，医生建议可以开始添加肉泥了，因为宝宝的生长需要动物性食物。妈妈问医生："哪种肉泥更有营养？鱼泥、猪肉泥、鸡肉泥？"医生建议，搭配吃可以让宝宝获得更全面的营养。

生长需要动物性食物

动物性食物含有丰富的蛋白质、铁和锌等矿物质及维生素A、维生素D等营养素，还含有较多的脂肪及脂肪酸，这些都是孩子生长发育所必需的营养素，所以，最好每天都给孩子吃适量的肉泥，以保证他能获得足够的营养。

不同的肉泥，不同的营养

肉类分成红肉和白肉。给孩子吃肉泥的时候，建议红肉泥和白肉泥交替着吃，这顿吃的是红肉泥，下一顿就换成白肉泥，这样能够保证孩子获得均衡的营养。

当孩子顺利接受了肉泥之后，就可以添加蛋黄了。

红肉 指的是猪肉、牛肉、羊肉。红肉中铁的含量比较丰富。6个月后的孩子容易缺铁，所以辅食中需要有富含铁的食物。

白肉 指的是鸡肉和鱼肉。白肉富含蛋白质，脂肪含量比较低，易于消化吸收。鱼肉还含有DHA，有利于大脑的发育。

个性化定制的辅食方案

小严准备给宝宝添加辅食了，她咨询医生应该怎么给宝宝添加不同的辅食，她对医生说："能不能给我列个时间表，比如6个月加什么，6个半月加什么，7个月加什么，然后每天吃几次，每次吃多少……这样我就能让家里人照着做了，多省心。"医生表示不能给这样的建议，因为每个宝宝的生长发育情况不一样，对食物的接受度不一样，不能千人一面地用一个标准来添加。

添加辅食不能所有的孩子一个标准

很多家长在给孩子加辅食的时候，都像上面那位家长那样，希望医生能给出具体的添加时间和种类，这对于医生来说是最省事的方法，给每个家长发个时间表就好了，不用费口舌，但不能这么做。

我们来换位思考一下：我们成人吃饭的时候，是不是都有自己的口味偏好和食量？妈妈爱吃甜的，每顿吃半碗饭；爸爸爱吃辣的，每顿吃两碗饭。如果让妈妈吃两碗饭，或让爸爸吃半碗饭，他们肯定都不同意吧？孩子也一样，同样是6个月的孩子，体重、身长有差别，吃奶的量也有差别，如果都按照一个标准来添加辅食，显然是不合适。

辅食添加适合个性化定制

给孩子添辅食，除了满足他生长发育的需要，还有一个重要的因素就是让他品尝各种食物的美味，从饮食中获得满足和享受，而不是机械地给他喂食，所以，让孩子愉快地接受辅食，不仅对他的生长发育有利，对他的心理发育也有利。

如何让孩子愉快地接受辅食？根据孩子的具体情况和家庭饮食习惯为他量身定制适合他的辅食添加计划。

● 根据孩子的生长发育情况来决定何时开始给他添加辅食、添加的种类和进度。孩子有吃饭的意愿了，也能够独坐了，这时可以给他添加辅食。不要看到同月龄的孩子添加辅食了，就急着也要给孩子添加。

● 根据家庭的饮食习惯来安排孩子的辅食。孩子最终是要和家里人一起吃饭的，所以在添加辅食的时候，要根据家庭的饮食习惯来选择辅食，比如有的家庭习惯吃牛羊肉，那么就可以多选择牛羊肉做红肉泥。有的家庭爱吃鱼，那么部分白肉泥就可以用鱼为食材。

● 根据孩子的接受度调整辅食的种类。孩子吃了某种食物后，有了不舒服的感觉，以后再吃这种食物，他就会有恐惧心理，会排斥这种食物。比如吃了苦的、辣的食物，他不喜欢，下次就不再愿意吃了。另外，如果孩子对某种食物过敏，吃了以后有呕吐、皮疹的表现，他不舒服，也不愿意吃。家长要观察孩子的反应，及时做出调整，不要因为这种食物有营养，就坚持给孩子吃，这样会造成他对吃辅食的恐惧心理，不利于辅食添加的顺利进行。

辅食如何吃

吃多吃少，听孩子的

　　露露添加辅食有一周多的时间了，妈妈带着疑问咨询医生："我家宝宝吃辅食的情况不稳定，有时候她能把一份辅食吃得干干净净，有时候又剩下不少。我都不知道该给她准备多少量了。宝宝的这种情况是不是不正常？是不是应该每次都吃差不多的量才好？"

每餐、每天，食量都有差别

　　很多家长都有这样的想法：孩子每餐的辅食量、每天的辅食量都应该是一样的，这样才叫辅食添加顺利，如果孩子这餐少吃了几口，就担心影响孩子的生长。那餐多吃了几口，又担心孩子吃多了消化不良。这样的担心大可不必。

　　我们成人吃饭，也不每餐都吃一样多的量，饿的时候就多吃点儿，不饿的时候就少吃点儿，这都很正常。既然我们允许自己的食量有差异，为什么对孩子要机械喂养，每餐都

要求他吃一样的量呢？应该让孩子自己去控制每次的进食量，家长只要控制孩子每次进食的种类就好了，这样孩子可以有"饥"和"饱"的感觉，能够积极、主动地进食，而不是被动地接受喂食，这比多吃几口食物对孩子的意义要大得多。

当然了，如果孩子每餐之间、每天之间的喂养量差别太大，也需要引起重视。那么，什么样的差别是可以接受的？什么样的差别又要引起注意呢？

> 每次喂养量：
> 可接受20%差距。
> 每天喂养量：
> 可接受40%差距。

加量不能过快

初期添加辅食的时候，要让孩子有逐渐接受的过程，不能一下子变化太快，否则孩子接受不了，胃肠就要"造反"。

添加辅食的时候，从1小勺开始添加，如果孩子顺利接受，可以慢慢增加到2小勺，再到3小勺，但不能直接从1小勺增加到3小勺。如果成人平常一餐吃1个馒头，突然有一餐吃了3个，胃里就会不舒服，况且是刚刚添加辅食的孩子，本来胃肠功能就弱，一下子加太多的量，很容易出现消化不良。

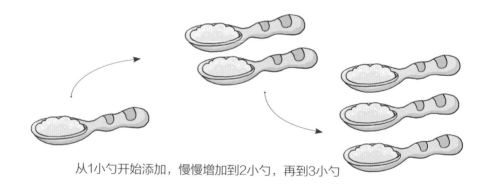

从1小勺开始添加，慢慢增加到2小勺，再到3小勺

不要拿邻家孩子的喂养量做参考

　　家长在一起聊天，孩子吃了什么辅食，每天吃多少自然是一个热门话题。如果自己家的孩子吃得好、吃得多，家长会很自豪。如果自己家的孩子吃得比同月龄的孩子少，家长心里会很着急，担心自己的孩子有什么问题。

　　每个孩子的食量不一样，发育的进程也不一样，别的孩子比自己的孩子吃得多，并不等于生长发育就一定比自己的孩子好，有的孩子生来食量就大，有的孩子生来食量就小，所以，不要拿邻家孩子喂养量和自己的孩子比，让孩子自己有效调控自己的进食量。

　　孩子顺利接受辅食后，可以这样来掌握孩子的喂食量：

　　如果准备的辅食孩子全都痛快地吃完了，那有可能他还没吃饱，下次可以多准备一些。如果喂到孩子不再吃了，碗里还余下一小部分，说明这个量是可以的，这是他自己愿意接受的量。

　　需要提醒家长的是，千万不要有这样的想法：给孩子准备多少，他就必须吃下去多少，一口都不能剩下。强迫进食会导致孩子抗拒吃饭，反而导致他更加不好好吃。

第一天	第二天
一碗辅食全吃完	增加，一碗半辅食
一碗辅食余一点点	正合适，还是一碗
一碗辅食剩很多	减量，半碗辅食

食物巧搭配，避免挑食、偏食

妈妈带着10个月的妞妞去医院体检，医生询问妈妈妞妞的饮食情况，妈妈说，妞妞喝奶喝得不错，辅食吃得也可以，但就是有个问题，妞妞不爱吃青菜泥。医生建议妈妈把青菜泥混在她爱吃的食物里，比如肉泥或者土豆泥。

单独吃还是混合吃，各有各的好处

给孩子添加新食物，一定是单独吃的，这是出于安全的考虑，一旦孩子出现过敏反应，可以快速判断出孩子是对什么食物过敏。而在孩子已经可以接受的食物当中，就有了单独吃和混合吃的选择了。

方式	好处	坏处
单独吃	可以品尝到各种食物的不同味道。	孩子有可能拒绝某些味道的食物，导致偏食、挑食。
混合吃	可以让孩子慢慢适应他不喜欢的味道。	但这种混合的味道并不是食物本身真正的味道。

年龄小，混合吃；年龄大，单独吃

通常我们建议1岁半以前混合吃，1岁半以后单独吃。

孩子在1岁半以前，还无法跟大人进行有效沟通，如果这时候单独给他吃辅食，他会拒绝不喜欢的味道。而1岁半以后，孩子开始对食物的形状、颜色、做法等感兴趣了。这时候再让他单独吃，出现挑食、偏食的概率就减少了。

避免食物的营养流失

　　1岁的维维辅食已经吃得很好了，给他做吃的，可选择的食物也多了。朋友告诉妈妈："绿叶菜维生素含量高，可是做不好维生素容易流失，煮的时间不能长，烫一下就可以了。胡萝卜要过油才能更有营养。"妈妈说，真是没想到，做菜还有这么多学问。

蔬菜，洗、切和烹饪都有讲究

　　蔬菜含有丰富的B族维生素、维生素C和无机盐，但如果清洗和烹饪方法不对，会导致营养大量流失。所以，做的时候要注意以下细节：

- 洗菜不要用热水洗，不要长时间浸泡。
- 菜要洗好后再切，否则会导致水溶性维生素和矿物质流失。
- 菜切好后马上就做，切的时间长了也会导致营养流失。
- 绿叶菜先焯水再切碎，绿叶菜焯水或炒的时间要短。
- 绿叶菜不要长时间加热或反复多次加热。
- 胡萝卜要过油后再蒸煮，或者在吃的时候加油，或和动物性食物一起吃也可。

做主食也有讲究

- 淘米的次数不要太多，淘一次就可以了，因为次数越多，水溶性维生素和无机盐流失得就越厉害。
- 做粥、做馒头时如果加入食用碱，会使维生素B和维生素C受到破坏。
- 高温油炸会严重破坏食物中的营养成分，所以要尽量避免这种烹饪方法。

从小块状食物到成人食物

小块状食物添加的时机

小美添加辅食有一段时间了，体重增长良好，胃口也很好。体检的时候，妈妈问医生："我什么时候可以给宝宝吃小块状的食物？"医生让小美张开嘴看了看她出牙的情况，又问妈妈小美是否会咀嚼了，妈妈说已经会了。医生说，那就可以尝试着添加小块状食物了。

会咀嚼了

孩子什么时候可以吃小块状食物了？不是看孩子多大了，而是要看咀嚼动作和咀嚼效果，二者缺一不可。

首先，孩子要有咀嚼动作，就是要会嚼。前面我们说过了，添加辅食的一个主要原因就是要锻炼孩子的咀嚼能力，在家长的示范下，让孩子逐渐掌握怎么咀嚼。这时候还不需要考虑咀嚼效果，只是让他学会咀嚼这个动作，所以，一开始添加辅食，就要教孩子学会咀嚼。

长出磨牙了

虽然孩子学会咀嚼的动作了，但并不等于他就能把东西嚼碎了，这时候还不能添加小块状食物，他还需要具备一个硬件条件：长出磨牙。在此之前，孩子只能吃泥糊状食物。

一定要等到孩子的磨牙长出来以后，才有咀嚼效果，也就是说，才能真正地把食物嚼碎了。可见，会咀嚼＋长出磨牙是添加小块状食物的时机，孩子出牙的个体差异很大，因此添加小块状食物的时机也各有不同，这是因孩子的发育进程而定的。我们不能一刀切地要求到了某个月龄就一定要添加小块状食物。

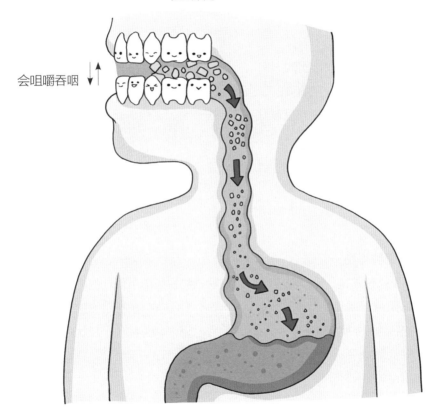

长出磨牙

会咀嚼吞咽

小块状食物的作用

圆圆吃辅食吃得很好，嚼得有模有样的，磨牙也长出来了。妈妈决定给他吃些硬一点儿的小块状食物。奶奶却不同意："肉泥、菜泥和水果泥他都爱吃，也好消化，给他吃这种带块的食物，他嚼着费劲，嚼不碎的话还影响营养吸收。就给他继续吃那些泥糊状食物好了，等再大一点儿就直接吃大人饭了！"妈妈转达了医生的建议：宝宝一定要有吃小块状食物的过程，不能跨过。

小块状食物促进牙齿和面部发育

孩子要经过吃小块状食物的过程，主要目的是让他练习咀嚼。因为咀嚼越多，面部肌肉发育就越好，说话更清楚，容貌更漂亮，牙齿也越坚固。如果长时间给孩子吃泥糊状的食物，他不需要用力咀嚼就能把食物咽下去，他的咀嚼功能得不到锻炼，肌肉松弛，牙齿也不够坚固。更严重的是，会导致孩子下一步吃成人食物咀嚼效果也不好，从而影响到营养的吸收，进而影响生长发育。

初期可以两种食物一起吃

不少家长有这样的担心：给孩子吃块状食物是可以锻炼他的咀嚼能力，可是刚开始他嚼不碎，影响营养吸收怎么办？在初期给孩子添加小块状食物的时候，可以准备两种食物：泥糊状食物和小块状食物，泥糊状食物保证营养摄入，小块状食物用来给孩子"磨牙"，配合锻炼咀嚼能力。

刚开始的时候，以稠的泥糊状食物为主，以小块状食物为辅，这样既能保证孩子摄入足够的营养，又能让孩子通过啃咬小块状食物锻炼咀嚼能力，家长给他喂泥糊状食物，再给他一小块馒头让他自己拿着吃。等孩子咀嚼效果越来越好，舌头也能够前后、上下、左右自由地活动，就可以逐渐增加小块状食物的比例，最后完全用小块状食物取代泥糊状食物。

以稠的米糊状食物为主，以小块状食物为辅。

能熟练咀嚼后逐渐增加小块食物的量。

吃大人饭了

　　2岁半的胖胖对大人的饭很感兴趣，每次大人吃饭的时候，他都张着小嘴要尝尝。姥姥说："这是想和我们一起吃呢，这么大了，可以吃大人饭了吧？"妈妈为此咨询医生："让宝宝和我们一起吃饭，我们的饭菜要做调整吗？怎么做才能既适合宝宝吃，又尽可能符合我们平时的口味？"

形状和味道做些调整

　　孩子2岁后，最晚3岁的时候，就可以跟成人一起吃了。孩子跟着大人一起吃，就不能那么随意了，要在形状和味道上适当做些调整。

　　菜的形状上，不要切得太大块，否则孩子的小嘴塞不进去。可以切成小块状的食物，既不影响菜的口感，孩子也容易吃到嘴里。

　　菜的味道也要做些调整，因为成人的食物偏咸，如果孩子吃了这样的食物，盐的摄入过多，对他的健康不利。把菜做得比平时稍微淡一些，调味料也放得少一些，不仅适合孩子吃，而且整个家庭的饮食也能朝着更健康的方向发展。

食物搭配、烹饪方式的调整

　　孩子生长需要充足而均衡的营养，所以在食物的搭配上也要注意，并且在烹饪上也要尽可能选择营养流失少的方式，当然了，家庭的饮食习惯还是要保留的，让孩子接受家的味道，只不过是做些微调，就能双方都能兼顾到了。其实，这种微调对家长来说也是一个接受营养和健康饮食理念教育的过程，这也算是一个意外的收获吧。

第三章

调味品
添加
慢慢来

辅食需要按时添加，但调味品就不用着急了，可以慢慢添加。1岁以后再加盐和糖，家里习惯用的调味品，也可以慢慢地让孩子适应。

辅食加不加盐？

辅食不加盐，不等于不摄入盐

　　圆圆添加米粉已经一周了，吃得很好。妈妈决定给他加菜泥了。妈妈做好菜泥后，奶奶尝了一口："怎么那么淡，你没加点儿盐？"妈妈说，1岁以内的宝宝辅食里不能加盐，奶奶不同意这个说法："人哪能不吃盐，不吃盐没有力气，宝宝正是学站、学走的时候，还要长个子，不吃盐怎么行！你看白毛女，没有盐吃连头发都变白了！"

盐对人体的作用

　　盐的主要成分是氯化钠，氯与钠都是人体不可缺少的重要元素。钠的主要功能是维持肌肉及神经的易受刺激性，调整与控制血压有关的激素分泌。人体内缺乏钠元素，所以，人如果长期不吃盐，确实会出现四肢无力、食欲不振的表现。

　　氯离子是人体消化液的主要成分，它与钠、钾相结合，可调节和维持人体内的水分含量及血液酸碱值的平衡。

辅食不加盐 ≠ 吃不到盐

　　既然盐对人体的作用那么大，为什么还不给孩子吃盐呢？其实，除了食盐，肉、蛋、奶、各种蔬菜和水果中也含有钠和氯，只不过不是以氯化钠的形式存在，所以没有咸味。孩子每天的奶和辅食中已经

含有足够的钠，是可以满足他生长发育的需要的，所以不需要在辅食中额外再加盐，如果额外添加盐，反而会导致孩子钠的摄入超标。

吃盐过多的害处

如果吃了过量的钠，需要水分将它从人体带出，人体内约有95%的钠是经由肾脏排出的，只有5%随着汗液及粪便排出。孩子的肾脏功能发育还不成熟，肾脏的浓缩和稀释功能都比较弱，对钠的代谢能力很有限，如果摄入过多的钠，超过了肾脏的代谢能力，会增加肾脏的负担，而且还可能引起体液潴留，导致孩子出现水肿，所以要减少食物中钠的摄取量。

另外，钠摄入过量还会引起肾脏潜移默化的改变，增加成人期高血压、心脏病等慢性疾病的发生。

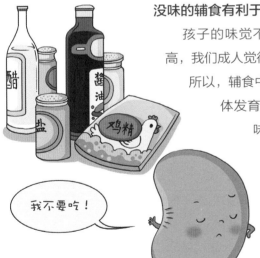

没味的辅食有利于健康和味觉发育

孩子的味觉不像成人那么敏感，对味道的要求并不高，我们成人觉得淡而无味的食物，孩子却很容易接受，所以，辅食中不额外添加食盐，不仅不会对孩子的身体发育有任何影响，也不会造成孩子因为没有味道而拒吃辅食，而且还能让孩子在味觉发育的敏感期品尝到各种食材本身的味道，有利于他今后顺利接受各种成人食物。如果早早就品尝带咸味的食物，孩子就不再愿接受淡味食物，长期下去可能会形成挑食的习惯。

辅食何时可以加盐

经过圆圆妈妈的耐心解释，奶奶接受了给宝宝做辅食不加盐的建议，可奶奶仍然有疑问："宝宝总不能一直吃没味的东西吧？什么时候可以加盐？"妈妈也搞不太清楚，为此咨询了医生，医生告诉她，我们国家的居民膳食指南建议宝宝1岁以后可以在食物中加少量的盐，当然，这并不意味着宝宝一满周岁就马上要加盐，可以根据宝宝的情况酌情添加。

辅食加盐，不能低于1岁

我们国家的居民膳食指南建议，孩子1岁以内的辅食不额外加盐等调味品。1岁以后，可以在辅食里加少量盐。但是，有些家长经常出国，或有欧洲的朋友，会得到这样的信息：欧洲一些专家建议孩子2岁前辅食不加盐等调味品。为此有的家长提出疑问：为什么不同的国家会有不同的建议？哪种建议更科学？

1岁加盐还是2岁加盐，没有绝对的对与错，只是环境背景不同，所以给出的建议也不同而已。我们通常在孩子1岁左右就让他跟着大人一起上桌吃饭了，虽然还是吃他自己的饭菜，但大人偶尔也会给孩子吃几口大人的菜，所以我们的居民膳食指南建议在孩子1岁以后可以少量吃盐。

欧洲国家的成品辅食种类多，家长一般都选择给孩子吃成品辅食到2岁，所以他们的孩子2岁以前很少吃到原始食物。根据他们的饮食习惯，欧洲国家建议孩子2岁以后和家人一起吃饭，那么，建议孩子2岁以后才摄入盐也就顺理成章了。

加盐时间，根据孩子的情况而定

　　虽说1岁以后可以在辅食里加少量盐了，但并不是说，孩子一满周岁，就必须在辅食里加盐，吃饭不是这么机械的事，需要根据家庭的具体情况和孩子的饮食情况而定，况且，孩子晚些吃盐也没什么不好的。

　　我们可以把辅食加盐的需求分为两种，一种是自主需求，也就是说，孩子对饭的味道已经不满意了，需要吃点儿有味道的食物。另一种是被迫需求，就是在给孩子买的成品食物里有盐的添加，孩子是被迫接受的。是否在辅食里加盐，要看孩子是主动需求还是被动需求。

　　如果孩子1岁以后，对大人饭感兴趣，不太爱吃辅食了，而且之前吃的是自制辅食，这时可以适当地在辅食里加点儿盐。如果孩子仍然很爱吃不加盐的辅食，那么可以继续让他吃。如果孩子1岁之内以成品辅食为主，主食也是买现成的馒头、花卷等，可以不必急着添加，因为有的成品辅食里和馒头、花卷里含有少量的盐。

　　总之，和添加辅食一样，在食物里添加盐，添加多少，也需要个性化定制，不能一概而论，原则是食盐添加量在孩子能接受的情况下尽可能少加，以利于孩子未来的健康。

含盐食品

各种调料

各种零食

蛋糕、面包

小心不知不觉吃进去的盐

　　小璐带着10个多月的宝宝去体检，医生叮嘱小璐，宝宝1岁以内食物中不能加盐，小璐对医生说："您放心吧，我们都很注意，给宝宝做辅食从来不加盐，只是放一点点儿童酱油。"医生又发现，宝宝手里拿着一块饼干在啃。医生说："酱油里、饼干里可都有盐啊！"

很多食物里都"隐藏"着盐

　　有的家长自制辅食不加盐，却会加入酱油、蚝油等调味品，殊不知，这些调味品里都含有盐。就是专门为辅食添加期间孩子提供的食物，比如磨牙饼干、肉松、肉肠、海苔、面包等，这些零食里面也含有盐。奶油蛋糕、饼干、面包等虽然吃起来是甜的，其实也含有不少的盐。

如何避免不知不觉摄入过多的盐

　　最好给孩子吃自制的辅食，这样能保证食物中不额外添加盐。虽然天然食物中也含有钠，但比起加工食物来，含量会少很多。

　　孩子爱吃的蛋糕、饼干等零食，如果可能的话，最好也能自己做，购买黄油等原料时，要选择无盐的。如果时间或条件不允许，在购买的时候要看清成分，尽量挑选添加剂少的。

　　孩子2岁以后，可以吃大人饭了，这时家里做菜时要少放些盐。主食如面条、馒头最好能自己做，避免孩子吃大人的食物，因为食物过咸，孩子摄入过多的盐口味变重后，再想调回来就困难了。

妈妈自制的辅食，面食等

吃糖也要讲方法

糖一点儿都不能碰? 没有必要

柳柳的牙齿不好,小时候备受牙疼的折磨,而且她比较胖,她把这些都归因于小时候糖吃多了。于是,生下宝宝后,她一点儿甜食也不让女儿碰,外出别人给女儿糖吃,她也一概拒绝。女儿如今1岁多了,还没吃过糖、巧克力、蛋糕这些甜食。朋友提抗议了:"你这样不对,剥夺小朋友享受甜食的权利了啊!少吃一点儿就行了,哪有一点儿都不让吃的!"

为什么要少吃糖?

少吃糖,一是可以预防肥胖,二是可以保护牙齿。

我们都知道,吃糖多了会导致肥胖。因为糖在体内容易被分解,利用率比较高,容易在体内积存。而且糖只是给人体提供能量,并不能提供蛋白质、钙、铁、锌、维生素等营养素,所以又被称为"空白能量"。糖还具有饱腹感,如果孩子过多吃糖或含糖多的甜食,有可能影响他正常的饮食,造成蛋白质等营养素的摄入不足,也可能造成能量摄

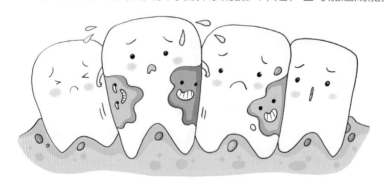

入过多，在体内转化为脂肪，导致孩子超重、肥胖。另外，糖又甜又黏，容易附着在牙齿上，不容易清除，很容易导致牙齿出现牙菌斑，进而出现龋齿。

> 把握好吃糖的时机，控制吃糖的量，并且做好牙齿清洁，是可以二者兼得。既能让孩子享受糖的美味，使心情愉悦和满足，补充一点儿能量，又不会对身体带来不好的影响。

别让孩子过早吃甜的东西

孩子偏好甜味，不喜欢苦味，这是天生的，无法改变。但是，我们可以塑造孩子后天的口味偏好。

● 在孩子接触奶以外的食物时，先给他吃淡的食物，让他接受天然食物的味道。

● 让孩子在味觉发育的敏感期品尝各种口味的食物，包括带点儿苦味的绿色蔬菜，这样孩子将来就能比较顺利地接受食物的各种味道。

● 等到孩子已经适应各种味道了，再让他接触甜味。如果早早让他尝到了甜味，他就会拒绝其他的味道，而且糖吃多了，会增加肥胖、龋齿的可能。

完全拒绝，影响身心健康

少量的糖不仅仅是身体的需要，也是孩子的心理需要。

● 广义上的糖类就是碳水化合物，能够为身体提供能量。摄入适量的糖对孩子的神经系统发育是有好处的。

● 孩子应该享受各种食物的味道，包括甜食。甜味是人类最喜欢的味道，不应该过分压制孩子吃甜食。既能让孩子享受糖的美味，使心情愉悦和满足，补充一点儿能量；又不会对身体带来不好的影响。

吃糖有讲究

　　小悦爱吃甜食，每当吃甜食的时候，她总感觉无比满足和幸福。她想：这么美味的东西，当然也要让自己的宝宝享受了！她一方面想让宝宝享受糖的甜蜜，另一方面又不愿意让宝宝长龋齿、长成胖宝宝。怎么给宝宝安排吃糖的时间、次数，她想请教医生。

弄懂糖的种类

　　糖一般分为单糖、双糖、低聚糖和多糖。

　　单糖：葡萄糖和果糖。不经过消化就直接被人体所吸收，对孩子的血糖会产生影响，正常情况下不建议给孩子吃。

　　双糖：蔗糖、乳糖。在体内容易被分解成葡萄糖，利用率比较高，使体内的糖增多，容易引起肥胖，要限制吃的量。

　　低聚糖：就是我们平时说的益生元，包括低聚果糖、低聚半乳糖。低聚糖通常在结肠中被败解产生脂肪酸，是对身体有益的糖，但一般食物中低聚糖的含量不多。

　　多糖：广泛存在于食物中，如淀粉和纤维素，本身没有甜味。

单糖　　　　　　双糖　　　　　　低聚糖

如何吃糖有讲究

糖分随餐吃	在吃饭时摄入糖分，这些糖分会混合在其他食物中，尤其是脂肪中，脂肪可以形成保护膜，减轻口腔的负担。
限时限次	在一天当中吃糖的次数越多，口腔分泌酸性物质的次数也就越多，口腔就会变得越来越脆弱。所以吃糖的次数不要太多，最好让孩子在限定的时间内吃完当天允许吃的甜食，而且晚饭后不要吃任何甜食。
吃水果不喝果汁	我们想想：要吃掉1个橙子需要多长时间？如果把橙子榨成果汁，1杯纯橙汁大约需要4个橙子，果汁里的糖显然要比吃水果摄入的果糖多。而且喝完1杯果汁需要的时间比吃1个橙子短得多，吃水果时间长，糖分一边吃一边可以代谢掉一部分，喝果汁时间短，短时间内体内摄入过多的糖，会对人体的胰岛素产生较大的刺激，胰腺的负担就会加重，严重的还会出现血糖高，所以，无论是大人还是孩子，我都建议他们吃水果而不喝果汁，避免给胰腺造成过强的压力。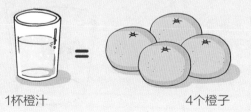 1杯橙汁　　　　4个橙子

葡萄糖水不能随便喝

妈妈带着乐乐请教医生："我家宝宝喝惯葡萄糖水了，根本不喝白开水，怎么办？"当问到她为什么要给宝宝喝葡萄糖水时，她说："宝宝没满月就开始喝了，因为当时宝宝有黄疸，听说喝葡萄糖水可以退黄疸，所以我们就一直让宝宝喝。"

喝葡萄糖水伤身

建议家长平时不要给孩子喝葡萄糖水，因为葡萄糖比吃蔗糖、乳糖对身体的害处要大出好几倍。

我们的身体能直接吸收的糖是单糖，葡萄糖就是单糖。孩子喝了葡萄糖水后，身体里的血糖就会急剧升高。为了控制血糖的升高，身体里的胰岛素会自发地加快分泌，使身体的糖分很快被代谢掉。而血糖降低后，胰岛素又会快速减少分泌。对于胰腺来说不管是快速分泌胰岛素还是快速降低分泌，都会带来伤害。让孩子喝一次葡萄糖水，会使胰腺受到两次重创，对孩子今后胰腺的发育会有很大损伤，孩子将来患胰腺疾病、糖尿病的机会就要大很多。

所以，葡萄糖只有在证实存在低血糖时才可服用，随意给任何年龄的孩子或成人口服葡萄糖，都会造成对胰腺和肾脏的损伤。

不要夸大葡萄糖的作用

　　家长给孩子喝葡萄糖水，有各种各样的理由：加快黄疸消退、孩子不喝白水时做调味品、避免乳糖不耐受……其实，葡萄糖只对低血糖有作用，并没有家长以为的那些功能。

　　它不能去黄疸。要想去除黄疸，只有通过增加喂养量，使孩子的排便量增加，才能增加肠道内的胆红素排出量，减少体内胆红素水平，达到降低黄疸的效果。葡萄糖属于单糖，在肠道内不需要消化而被直接吸收，它的吸收过程只是增加了血液中葡萄糖的含量，但不会增加孩子的排便量，因此对黄疸的消退并没有效果。

　　它不能避免乳糖不耐受。乳糖是双糖，在人体内被双糖酶分解成一分子的葡萄糖和一分子的半乳糖而被人体吸收利用，葡萄糖是单糖，是乳糖分解后的产物，是我们的血液中唯一适合的糖，血液把葡萄糖送到人体全身的每一个细胞，细胞把葡萄糖转化为二氧化碳及水，并释放出热能。乳糖不耐受的孩子也不能直接食用葡萄糖，应该食用干葡萄糖浆或玉米干糖浆等淀粉水解产物。淀粉水解产物在肠道内可慢速释放葡萄糖，达到即可提供能量，又有效控制葡萄糖吸收速度的作用。无乳糖配方之所以适用于腹泻的孩子，就是将普通配方粉中的乳糖替换成了麦芽糖糊精、干葡萄糖浆等其他糖分。

其他调味品：看地域，看家庭

调味品，因地域而不同

马上要"邀请"小家伙上家庭餐桌，和大家一起吃饭了，家里的大人似乎比小家伙还兴奋。该做些什么菜呢？妈妈有一堆的问题要请教："油是用橄榄油好呢还是花生油好呢？口味是做偏甜的还是咸鲜的？是买海鲜好呢还是做鸡肉的好？……"医生笑了："不用那么紧张，孩子不是你们家的客人，他跟你们生活在同一个地方，同一个家里，本地有什么菜，家里喜欢什么样的口味，就做什么菜好了！"

让他接受本地的口味

南甜北咸，东辣西酸。我们国家幅员辽阔，不同地方的人对味道有不同的喜好，有不同的饮食文化。而孩子是要在这个地方成长的，他要融入这个地方的地域文化，自然也要接受本地的饮食文化，所以，家长只要按照当地的饮食习惯和家庭饮食习惯准备饭菜就行。

其实，我们也发现，孩子是在不知不觉、潜移默化中接受了本地的口味，不知家长有没有发现，爱吃辣的地区，孩子早早就接受了辣味的食物，有的地区喜欢吃醋，孩子也会早早就接受了酸的味道。有的地方盛产鱼，你会发现那儿的孩子很小就会吐鱼刺了，有的地方以牛肉为主要肉食，那儿的孩子早早就会嚼粗纤维的牛肉了……这就是地域之差带来的口味、饮食习惯的差异。

不必让孩子尝遍所有口味

有的家长会问：不是说让孩子多品尝各种食物的味道吗？那南甜北咸、东辣西酸都让他尝一尝啊。

让孩子品尝各种食物的味道，是指在辅食添加阶段让他品尝一些本地的、原始的食物，以便他今后能够顺利接受成人食物，但是并不意味着要让他把所有的食物都尝到了，也不是说要把各地的口味都尝到，才更利于他发育。接受食物的口味，是为了让他能从食物中获取足够的营养，为他的生长提供营养支持，如果在刚开始接受成人食物时就让他各种口味都品尝，太多的调味品会令他的味觉发生混乱，不利于他接受当地的、家庭的味道。

打个比方，我们买计算机、买手机，都希望它的功能越多、越全越好，但饮食不是这样的，不是孩子尝得越多的味道越好，他不是试验品，不用什么都尝。在孩子生活的文化背景、饮食背景之下，按照本地的、家庭的常规味道去引导他就可以了，因为孩子毕竟是家庭的成员，毕竟要和家人一起生活在这个地方。

调出家的味道

蓉蓉夫妻俩都是四川人，平时吃饭离不开辣。可宝宝越来越大，对大人的饭越来越感兴趣，看见大人吃饭他也张口要吃，这下蓉蓉犯难了："为了宝宝，难道我们从此要和辣绝缘了？那这饭还怎么吃得下去啊？"

不必为孩子完全改变大人的口味

孩子早晚是要和家人一起吃饭的，既然这样，我们应该引导孩子接受家的味道。辅食是从奶到成人食物的过渡，最终的目的是让孩子能顺利接受成人食物。那么，成人食物当然没有向辅食靠拢的必要了。

当然了，这么说并不意味着成人的食物一点儿都不用改变。我们可以把大人的食物做些微调，向孩子的口味靠拢一些，比如盐、糖等调味品放得少一些，既不影响菜的味道，又不会让孩子吃到过咸、过甜的食物，这对于大人来说，其实也是向健康饮食调整的好时机。

慢慢让孩子接受家的味道

刚开始让孩子吃大人饭的时候不要太着急，既让他能顺利与家人共餐，又不会过早摄入过多的盐等调味品。可以按照平常的烹饪方法来做，只不过把平常用的调味品放得少一些，比如爱吃醋的家庭，醋就比平常放少一些，微微酸的味道孩子比较好接受。

让孩子接受家的味道，也要在合适的时候。如果在孩子刚开始添加辅食时，就让他尝试大人的菜，那么，他就接受了有味道的食物，不再愿意吃米粉、菜泥、肉泥等不添加任何调味品的食物了。在他1岁以后再让他尝试大人的饭菜，就能顺利地实现从奶到辅食再到成人食物的转换。

第四章

辅食背后的
喂养细节

孩子能不能顺利接受辅食，不仅仅是选择什么辅食的问题。在什么地方吃，谁来喂，选择什么餐具，让孩子先吃还是大人先吃……这些喂养细节，都决定着辅食添加是否成功。

在哪儿喂？谁来喂？

在哪儿喂，有讲究

　　小然的宝宝7个月了，添加辅食已经1个月，宝宝吃辅食并不顺利，小然苦恼地求助于医生："我家宝宝怎么不爱吃辅食呢？米粉、菜泥、果泥都给她试过了，她吃得不专心，每次很费劲地喂，她也没吃两口。"医生通过询问得知，给宝宝喂饭的地点她们很随意，有时在饭桌边，有时在电视机前，有时在卧室……医生告诉小然，也许这是宝宝不爱吃辅食的原因之一，小然很惊讶："在哪儿吃和吃得好不好有关系吗？"

在哪儿吃与吃得好不好很有关系

　　可能很多家长都跟上面那位妈妈一样，对于在哪儿吃饭和孩子吃得好不好有关系表示不理解。先不说孩子，先说我们吧。

　　我们平常吃工作餐，如果是在单位的食堂或餐厅里吃，大家都很放松，吃得很自如。如果把饭带到会议室里吃或在办公桌上吃，那就没那么放松了，会有各种顾虑：小心别把会议室的桌子弄脏了，别把饭粒、菜汤洒地上了，别打翻了饮料把桌上的资料字迹弄模糊了，菜的味道比较冲，会不会弄得办公室里空气不好……总之，大家会觉得这些地方本来就不是吃饭的地方，所以得小心翼翼，无形中就给这顿饭增加了压力。

孩子也一样，如果今天在这儿喂他吃饭，明天又在另一个地方喂，甚至这顿在这儿吃，那顿又换个地方，会给孩子造成混乱，不知道这个地方是玩的、睡觉的，还是吃饭的，进而会导致孩子吃饭不专注，影响胃口。

固定地点，吃饭更专注

一开始给孩子喂辅食，就应该在固定的地点喂，这样能让孩子形成条件反射：那个地方就是吃饭的，不是玩的，不是睡觉的。这样他能专注于吃饭，而不去想别的。

最好是把孩子吃饭的地方选在家里吃饭的地方，比如在大人的餐桌旁边给孩子摆放上他的高脚餐椅，让他知道，大人和他都在这儿吃饭，这样以后孩子和家人一起吃饭时，他也能很自然地接受这个气氛。

妈妈喂？效果不好

　　妈妈带着8个月的安安来到诊所，她告诉医生："宝宝8个月零5天，一直是纯母乳喂养，从他4个月开始，我就尝试给他喂辅食，但一直到现在他都不肯吃，而且水也不肯喝，水果也不吃，反正就是母乳以外的东西都不吃，这可怎么办？"经过仔细询问得知，这是一位全职妈妈，宝宝平时都是她管，喂辅食也是她喂。宝宝不吃辅食，她担心宝宝饿着，会赶紧给宝宝喂母乳。医生告诉她，正是妈妈的这种做法，导致宝宝长期不接受辅食。

拒绝辅食？找找原因

　　这位妈妈辅食喂养为什么一直没成功？是因为只要孩子表现出对辅食的拒绝，她马上就给孩子喂母乳，一次两次这样，孩子就明白了：他不吃辅食或其他食物，妈妈一定会给他喂母乳。既然后面有母乳等着，他就"敢"拒绝母乳之外的任何食物，所以辅食一直没能添加成功。

　　从奶到辅食，不仅仅是食物种类的变化，更是摄入方式的变化，孩子接受起来需要一定的时间，家长要允许孩子有犹豫的时间，有尝试的时间，第一次不接受，再试第二次、第三次，绝大部分孩子是能够顺利接受辅食的。如果孩子一拒绝就赶紧给他喂奶，对添加辅食会造成影响，孩子不能顺利接受辅食，时间长了会影响到他的生长发育。

添加初期，最好不让妈妈喂

如果孩子在添加辅食之前是纯母乳喂养，或者平常都是妈妈给他喂配方粉，在添加辅食的初期，喂辅食时最好换一个人，不要让妈妈喂。

为什么不让妈妈喂？因为奶和辅食的喂养方式是不一样的，如果都由妈妈来做，孩子对两种不同的喂养方式接受起来有一定的困难，不理解妈妈为什么一会儿让他吸吮母汁，一会儿又用小勺喂他吃别的食物，出于本能，孩子有可能拒绝他不熟悉的喂养方式，导致辅食添加出现困难。

如果家里不是只有妈妈一个人，最好让其他人先喂孩子辅食，孩子吃的时候妈妈要回避，等孩子吃完妈妈再出现。孩子慢慢接受辅食这种喂养方式后，妈妈再来喂他，有一个逐渐过渡的过程，孩子接受起来就容易了。

好的喂养方式是成功的一半

花点儿心思选吃饭用品

　　全家人都期待着津津吃辅食的时刻，还在津津刚满4个月的时候，大家就开始置办津津吃辅食的餐具了，买什么样的餐具，爷爷、奶奶、爸爸、妈妈都有自己的想法：要安全无毒的，要颜色漂亮的，要防摔的，要大小合适的……把这些意见收集在一起，妈妈开始采买了。

选择颜色鲜艳的碗勺

　　孩子天生就对颜色比较敏感，所以通常会建议拿颜色明亮、鲜艳的餐具吸引他的注意力。吃辅食的时候，如果选择颜色明亮、鲜艳的小碗，孩子的注意力就会被吸引过来，同时也会关注到碗里的食物。

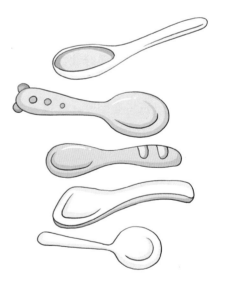

　　小勺的勺柄最好也选择鲜艳的颜色，而且要与碗的颜色有差别。比如黄碗配红勺，两种颜色形成反差，有一个变化，孩子会觉得很新鲜，用这样的碗和勺喂他，会对他产生一种积极的引导。

餐具选择：
颜色鲜艳
边缘圆滑
耐高温、耐摔
无毒无味

选择安全的材质

　　碗和勺直接接触辅食，所以材质安全是第一要素。要选择无毒无异味、耐摔、耐高温的材质，目前市面上有多种材质的辅食碗，比如不锈钢、陶瓷、不含双酚A的PP塑料、植物纤维等，可以根据需要选择。

　　另外，碗和勺的边缘要选比较圆滑的，叉子不要选择特别尖的。

　　清洁餐具时，洗干净后晾干就可以了，并不需要将餐具蒸、煮消毒，干燥是最好的消毒剂。

根据月龄选择喂食勺

6~8个月	选择柔软、小头的硅胶小勺。	这样的小勺能够顺利放进孩子的小嘴里。因为刚开始接触辅食，孩子还掌握不好吃东西的技巧，硅胶质地比较柔软，不用担心孩子因不熟练吃饭碰到、咬到勺子而导致嘴疼。而且硅胶小勺盛的量不多，正适合刚刚开始添加辅食的孩子。
8~10个月	选择稍宽、稍深一些的小勺。	这个月龄的孩子辅食的量增加了，而且质地也更加黏稠，稍宽、稍深的小勺能够盛更多的辅食。
10~12个月	可以有更多的选择。	只要大小适合孩子的嘴，材质是安全的就行。

训练勺和训练碗的选择

　　孩子有了自主进食的要求后，可以给他准备一个小碗和一把小勺，边喂他吃边让他尝试自己吃，这样他对吃饭会更有兴趣。给孩子准备的碗要防摔的、颜色鲜艳的，而且底部要有吸盘，可以将碗固定在餐桌上，防止打翻。

　　小勺可以选择手柄较宽、勺头柔软的，宽柄的小勺可以让孩子更容易把食物送进嘴里，提高孩子自己进食的成功率，增加他对吃饭的兴趣。柔软的材质可以保证孩子即使将小勺塞到脸上、碰到牙龈，也不会感到疼痛，不会因此而失去自己进食的兴趣。

带吸盘的小碗

小围嘴必不可少

　　吃饭的小围嘴是必备的。选择柔软、防水的围嘴，如果围嘴下摆带有回收袋更好，这样可以接住食物，避免弄脏衣服。

聪明诱导，让孩子爱上辅食

　　卫卫为宝宝不爱吃辅食的事犯愁，她向医生请教："我们很精心地为宝宝准备了辅食，吃辅食的用品也精心挑选了，可为什么宝宝还是兴趣不高的样子？"医生问："你们通常是让宝宝先吃，你们先吃，还是一起吃？"卫卫说："当然是让宝宝先吃了，他吃好了，我们才放心吃啊，他要吃不好，我们哪有心情吃。"医生建议，不妨换一下顺序，大人先吃，或者让宝宝和大人同一时间吃，这样能诱导宝宝吃饭的兴趣。

馋着他，他才想吃

　　孩子都充满好奇心，看见别人玩什么，他也想玩，同样的，看见别人吃东西，他也想吃。我们可以运用这一点，诱导孩子进食。

　　在给孩子喂辅食之前，大人应该先吃饭，而且要有些夸张地做出食物很好吃的样子，孩子出于条件反射，会开始动嘴巴、流口水，也想吃饭。这时再喂他吃辅食，就会顺利得多。你也可以把孩子的辅食放在桌上，大人一

好香啊！
为什么我没有？

边吃一边喂他，他看大家都在吃东西，他也会跟着吃。一个人吃饭总是不如大家一起吃饭香，孩子也是一样。如果让孩子先吃，大人还在干别的事，而这时他又不是很饿的话，吃起来就不那么香了。

不要过于机械地按时喂

无论一天给孩子吃两顿还是三顿辅食，在进食时间上不要过于机械。有的家长把时间安排得很仔细：每天几点吃一顿，恨不得一分钟都不能早或晚，一到时间就把孩子抱到餐桌前准备。

我们都知道，饿了吃什么都香，不饿吃什么都不香。如果机械地定时间，孩子并不是一到这个时间就饿了，那他就可能拒绝吃。如果孩子正玩得开心的时候，一看时间到了就打断他玩，给他喂食，他不仅不会好好吃，还可能因为玩耍被打断而哭闹。

所以，定时间也要看孩子的情况，他要是上顿吃得少，饿得早了，这顿就早点儿吃。上顿吃得多，还不饿，那就晚点儿吃，不必过于拘泥。

不要做反面诱导

让孩子看大人吃饭，或者和大人一起吃饭，是为了诱导他顺利接受辅食，这时大人要注意吃饭的行为，要专心吃饭，而不要边吃饭边看手机、看电视，或边吃饭边聊天、说笑，这样会给孩子一个反面的诱导，认为吃饭是可以干这些事的。孩子天生就爱模仿大人，尤其是自己的家人。不良的进食行为，会给孩子以潜移默化的影响，不利于孩子养成良好的进食行为。所以，大人应该以身作则，严格律己，给孩子做出榜样。

备好营养食物和功能食物

10个月的冬冬添加辅食很顺利，现在已经不满足于大人喂他了，跃跃欲试地想要自己吃。妈妈尝试着让他自己吃，结果他吃得一脸一身脏，也没吃下去多少。妈妈困惑地咨询医生："我家宝宝想要自己吃，可他一顿饭吃不了多少，我担心营养不够。不让他自己吃吧，又怕他以后对吃饭的兴趣会降低。该怎么解决这个矛盾呢？"医生建议妈妈准备两种食物：营养食物和功能食物。这样既能保证宝宝的营养摄入，又能让宝宝兴趣盎然地学吃饭。妈妈一脸茫然："功能食物？没听说过啊！"

营养食物 & 功能食物

● 营养食物：就是按孩子的月龄正常添加的辅食，以稠的泥糊状食物为主，易于消化吸收，可以保证孩子从营养食物中获得奶以外的营养补充。

● 功能食物：块状的食物，主要功能为锻炼孩子的咀嚼能力、培养他吃饭的专注力和自己吃饭的兴趣，不以营养摄入为目的，即使孩子嚼不烂也没关系，因为已经有了营养食物的保证，功能食物即使消化不了也不会影响孩子营养的整体摄入。

每次喂辅食的时候，都给孩子准备两种食物，营养食物由大人给孩子喂食，功能食物让孩子自己抓拿着吃，这样孩子手里有东西了，就不会再去抓大人手里的食物，大人就能好好给孩子喂食，既保证了孩子营养食物能顺利吃进去，又起到了鼓励、锻炼孩子自己进食的作用。

如何准备功能食物？

　　并不是所有的块状食物都适合做功能食物的，在不同的阶段，可以给孩子准备不同的功能食物。

　　开始阶段孩子还不太会咀嚼，或咀嚼效果还不好，要选择具备以下条件的功能食物：

　　● 比较硬的。

　　● 比较干的，抓在手里不发黏的。

　　● 有固定形状的，大小适合孩子的手抓捏的。

　　● 吃到嘴里容易融化的，即使嚼不烂咽下去也不会导致孩子呛着、噎着。

符合这些条件的功能食物有：馒头块儿，花卷块儿，磨牙饼干、婴儿泡芙等。

孩子已经会熟练咀嚼了，而且咀嚼效果也比较好，能把食物嚼碎了，功能食物就可以有更多的选择，只要孩子嚼得动的，都可以给他当作功能食物。

● 煮熟的胡萝卜条
● 苹果块
● 土豆块
● 火龙果块
● 梨条

大人的一部分食物也可以作为孩子的功能食物，比如烙饼、窝头等。

要注意的是，像橘子瓣这样有皮的水果不要给孩子当作功能食物，花生、杏仁等干果也不能当作功能食物。

吃功能食物，不做任何要求

孩子在吃功能食物的时候，家长可以让他自由发挥，不做任何要求，有的家长说孩子吃得太慢了，半天才吃下去一个融豆，有的家长说孩子抓在手里半天也不往嘴里送，还有的家长说孩子吃得一手口水太脏了……这些话都不必说。

我们往嘴里送食物很熟练，但孩子不一样，因为把食物拿到手

上，再把它送进嘴里，需要手的精细动作，手、眼和嘴的协调，这与孩子的发育有关，他在吃功能食物的时候，也是锻炼手眼协调能力的时候，所以家长不能着急，只要喂他吃好营养食物，功能食物就让他自己发挥好了，因为功能食物起到的是锻炼咀嚼、促进发育的作用，而不是他能吃下去多少，吸收了多少营养。

　　另外，每次喂辅食的时候，不用马上给孩子提供功能食物，因为刚开始吃的时候他比较饿，对于大人手里的辅食兴趣很大。吃了一会儿，他不觉得饿了，小手就开始不老实了，想抢大人手里的东西，这时再把功能食物拿给他，边继续喂他边让他吃功能食物。

功能食物逐渐会成为营养食物

　　孩子刚开始吃功能食物时，还不能嚼得很碎，经常能在孩子的大便中发现有很多没有消化的食物颗粒，这是因为块状食物胃肠消化不了，所以吃什么拉什么。等到大便中看不到食物颗粒了，说明孩子已经能把食物嚼得很碎了，他不再需要功能食物，而原来的功能食物就演变成营养食物了。

　　孩子从接触功能食物到能消化功能食物，是需要一个过程的，是一个慢慢演变的过程，大概到孩子2岁，基本上所有的食物都能嚼得很好了，这时就没有什么功能食物，都变成了营养食物。

限制时间，才能吃得更好

娜娜带着宝宝去咨询医生："我家宝宝吃辅食吃得不好，不专心。刚开始吃的时候还挺好的，大口大口地吃。后面就不好好吃了，一口辅食含在嘴里半天也不咽下去，姥姥为了让她吃完，费了好大的劲儿，花40多分钟才把辅食给他吃完了，有什么办法让宝宝专心吃饭？"医生提醒娜娜："辅食喂到宝宝不吃就停下，不必非要他把碗里的辅食都吃掉，另外，喂辅食的时间不能太长，这样反而不利于宝宝专心吃饭。"

吃饱就停，时间控制在30分钟以内

前面我们已经说过了，辅食之所以称为辅食，它的作用是辅助性的，是帮助孩子从奶类食物向成人食物转换的过渡食物，对于辅食的量，我们不必过于强求，过于机械地设定目标。

孩子知道饥和饱，就像这位妈妈说的那样，她的孩子刚开始吃辅食的时候是吃得很好的，因为孩子饿了，说明孩子吃辅食的状态是好的，是专注的，并没有像家长形容的那样不专心吃饭。之所以后来孩子把辅食含在嘴里不往下咽，是他吃饱了，不想吃了，而姥姥又一定要把碗里的辅食让他吃完，他只好采取含在嘴里不咽下去的办法来应对了。

每次给孩子喂辅食的时间不要太长，不是非要把辅食都吃完才叫吃得好。孩子吃饱了，不愿意再吃了，就不要接着喂了，时间要控制在30分钟以内，喂的时间过长，更不利于孩子专注吃饭，而且长此以往，会导致孩子厌烦吃辅食。

别让零食影响胃口

　　有的家长看孩子辅食没吃完，担心他吃不饱营养不够，又给孩子吃些小饼干之类的零食。这样做不仅不会让孩子辅食吃得更好，反而会让孩子更不爱吃辅食。原因有以下两点：

　　一是因为饼干这些零食是有味道的，而辅食是无味的，吃了有味道的食物，他当然不愿意吃无味的辅食了。

　　二是孩子的胃容量有限，如果经常吃些小零食，他的小肚子是饱和的状态，胃里装不下那么多东西，到了吃辅食的时候，他自然就吃不下了，不想吃，就无法让他专注于吃饭这件事。所以，饼干作为功能食物，可以在他快吃饱的时候给一些让他"磨磨牙"，练习咀嚼，在其他时间就尽量别给孩子吃了。

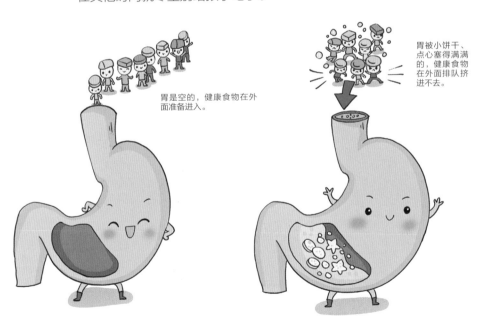

胃是空的，健康食物在外面准备进入。

胃被小饼干、点心塞得满满的，健康食物在外面排队挤进不去。

奶与辅食，如何安排

添加辅食，奶减量吗?

8个月的小格子很爱吃辅食，每次都把准备的辅食吃得干干净净的，一副还没吃够的样子。体检的时候，医生却告诉妈妈，小格子的生长有些偏缓。妈妈不太相信："怎么会呢? 我们吃饭吃得那么好，怎么还长不好?"医生问及每天的奶量，妈妈说："因为担心宝宝吃了辅食又喝奶太撑了，而且辅食吃得挺多的，就把奶量给减了，大概一天360毫升。"医生告诉妈妈，宝宝的奶量太少了，不利于生长。

加辅食也要保证奶量

孩子1岁半之前，乳类仍然是他最重要的营养来源，孩子添加辅食之后，仍然要保持充足的奶量。7~9月龄宝宝，每天奶量不低于600毫升；10~12月龄宝宝，每天奶量约600毫升；13~24月龄宝宝，每天奶量约500毫升。

所以，如果是母乳喂养，可继续按需哺乳，不必限制次数。如果是配方粉喂养，可按孩子以前的喝奶时间安排。

奶和辅食，并不冲突

开始给孩子添加辅食后，很多家长都有上面那位妈妈同样的疑问：孩子的胃那么小，如果奶量不减，再加上辅食，会不会导致孩子吃得过多，增加肥胖的可能？

其实不是这样，吃奶和吃辅食并不冲突。之所以要在孩子满6个月的时候开始添加辅食，正是因为只喝奶已经满足不了孩子生长的需要，而且添加辅食是循序渐进的，不会一下子加很多，所以不存在吃得过多增加肥胖的可能。

有的家长担心孩子吃辅食又喝奶会撑着，其实不用担心。想想：我们平时吃饱饭后，是不是会喝碗汤？这碗汤会让人觉得一下很撑吗？

不会的，固体食物和液体食物加在一起，并不是两倍的体积，因为液体是可以渗透在固体食物的缝隙中的，并不很占地方。所以，不要在辅食的同时减掉奶量，这样会造成孩子的营养摄入不足，时间长了会影响他的生长。

奶和辅食，如何分配

　　小江的宝宝开始吃辅食了，如何让宝宝顺利接受辅食，不影响生长发育，小江特意去请教医生："宝宝加辅食后，奶和辅食应该如何分配？是一顿奶、一顿辅食分开喂，还是每顿都喂两种？喂养的量怎么掌握，是以奶为主还是以辅食为主？"

从以奶为主向以辅食为主过渡

　　添加辅食之前，孩子的营养完全依赖于奶。添加辅食以后，营养来源就变成了奶和辅食。喂养是以奶为主还是以辅食为主，是根据孩子的年龄来定的。

　　孩子1岁半之内，饮食结构应该以奶为主，辅食只是起辅助作用。辅食添加初期一天仍然要喝五六次奶，只吃一两次辅食，每次的辅食也只吃很少的量。随着月龄逐渐增大，辅食的次数和量可以增加，但不能一下加太多，7～9月龄宝宝每天奶量不低于600毫升，10～12月龄约600毫升，13～24月龄约500毫升。

1岁半之内，奶为主要饮食

辅食起到辅助的作用

1岁半以后，要逐渐过渡到以正常饮食为主，这时候奶就退到了次要位置，而主角将变成辅食。

辅食和奶分开吃还是一起吃，由孩子定

辅食和奶是一起吃还是分开吃，没有固定的模式，看孩子的情况而定。刚开始给孩子添加辅食的时候，量是很少的，也就一两小勺，算不得一顿饭，这时就可以再给他喝些奶，奶和辅食一起吃是合理的。

孩子小的时候，每天要喝五六次奶，如果再加两次辅食，那一天当中喂养的次数比较多，时间上可能安排不过来，和孩子一起玩的时间反而被压缩了，这个情况下就可以辅食和奶放在一起吃。等到孩子吃的辅食量比较大的情况下，看他吃完辅食后还有没有想吃的意愿，如果给他喝奶，他愿意喝就让他喝，如果他拒绝，说明他吃饱了，那这顿饭只吃辅食也可以。

尊重孩子的个体需求

有的家长更愿意医生给出具体的指导，比如每次吃7成奶、3成辅食，或者让医生告诉他们，一份辅食相当于多少奶。每个孩子都是独立的个体，都有自己的胃口和习惯，就像我们成人一样，有吃得多的，也有吃得少的，有愿意先喝汤再吃饭的，也有习惯先吃饭后喝汤的，我们都有个性化的需求，为什么要给所有的孩子定下一个饮食标准呢？

辅食阶段是让孩子从奶到正常饮食的适应阶段、过渡阶段，家长可以在这个阶段中培养孩子良好的饮食习惯，适应各种食物的味道，享受饮食的乐趣，如果在这个过程中家长的喂养过于机械，过于紧张，或者一定要孩子吃下去家长希望的量，不仅会导致孩子添加辅食不顺利，还可能导致孩子以后不喜欢吃饭，这就得不偿失了。

家长平时细心观察，根据孩子的情况调整喂养方式，尊重他的个体需求，那无论是奶和辅食一起吃还是分开吃，吃多吃少，孩子都会吃得开心，家长也就少了很多焦虑了。

先喝奶还是先吃辅食？

　　小豆5个多月，开始加辅食了，小豆很爱吃辅食，对辅食的热爱甚至超过了奶，而且吃完后大便很正常。去医院体检，医生告诉妈妈，小豆的生长发育都很好，在询问了小豆喝奶和吃辅食的情况后，医生建议每次先给小豆喝奶，再吃辅食。回到家，小豆妈妈把医生的建议告诉了奶奶，奶奶却提出疑问："我听楼下的嘟嘟姥姥说，嘟嘟每次都是先吃辅食后喝奶，到底是先喝奶对还是先吃辅食对？为什么不同的医生会有不同的建议？太不靠谱了吧？"

谁先谁后，没有统一标准

　　孩子刚开始加辅食的时候，辅食只是很少的量，需要加一部分奶。至于先吃辅食还是先喝奶，并没有统一标准，没有谁对谁错的问题，要根据孩子的具体情况来定。所以，小豆先喝奶是对的，楼下的孩子先吃辅食也是对的，只不过两个孩子喜欢的食物不一样罢了。

把喜欢吃的放在后面吃

奶和辅食一起吃，是先吃奶还是辅食，要看孩子更喜欢吃哪一样，把他喜欢吃的放在后面吃，这样便于他顺利地把两种食物吃下去。医生建议小豆先喝奶再吃辅食，是因为妈妈说小豆爱吃辅食。而他们楼下的孩子先吃辅食，可能是因为那个孩子更喜欢喝奶。如果把喜欢的放在前面吃，后面的那种食物孩子基本上就不会吃了。

所以，给孩子添加辅食，要根据孩子的具体情况来安排，而不是看邻家孩子怎么吃。每个孩子的口味偏好、食量大小都有区别，添加辅食当然不能千篇一律。

第五章

辅食喂养
效果评估

孩子吃辅食吃得好不好，不是看他一次能吃多少，也不是和别的孩子比，而是要看喂养效果如何。怎么评估喂养效果？要看孩子的生长发育和消化吸收是否正常。

生长，最直观的效果呈现

身长、体重增长正常，说明喂养正常

5个多月的当当马上就要面临添加辅食的问题了，当当妈虽然一直在做心理准备，但还是止不住担心，因为闺密小桃告诉她，辅食添加一定要小心，因为辅食添加不当，很容易影响孩子的生长速度。想了很久，当当妈还是决定咨询一下医生，如何才能知道辅食添加的效果如何。

判断身长、体重增长，不能只做简单对比

孩子添加辅食的情况是否正常，最重要的一点是看孩子的生长是否正常。如果身长、体重的增长都是正常的、匀速的，说明辅食添加是合理的。

但是判断身长、体重的增长是否正常，并不是简单地量一量，记个数，或者直接跟同龄的孩子比较一下就可以的。个体之间出生时的身长、体重不同，遗传基因不一样，因此，判断身长、体重的增长是否正常不能简单地通过不同个体之间的比较得出结论，也不是照着只具有普遍性意义的各年龄的身长、体重标准进行对比，而是要和孩子自身生长情况相比。

生长曲线，动态观测孩子的生长情况

很多家长在孩子的生长检测方面存在一个误区，就是觉得长得快就是好，长得慢一点儿就存在问题，于是又高又壮的孩子总是被大家拿来作为比较的标杆。但实际上，生长过快或过慢都有可能存在问题，我们需要判定孩子的生长是否在一个健康的轨道上，而这个判定有一个非常简单实用的方法，就是坚持给孩子画生长曲线。

只要孩子的生长曲线是稳步上升的，没有出现放缓、停滞或突然陡升的现象，就说明孩子的生长是在一个健康的范围中。

如果孩子这段时间生长曲线放缓或者停滞，就需要带孩子找一找医生检查是否生病，或者食物摄入量存在问题了。如果曲线发生陡升，要警惕喂养过量的问题。

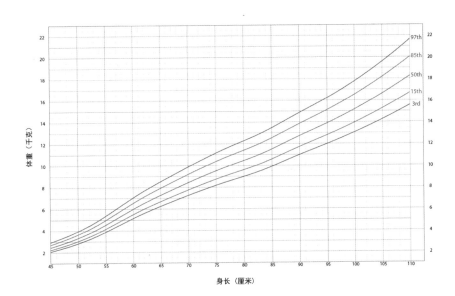

添加辅食后体重增长缓慢，找找原因

早早6个月的时候添加了辅食，目前每天除了照常喝奶以外，还吃两次米糊，现在早早已经7个月了，不知道为什么，早早的体重一直没有增长，6个月的时候7千克，7个月的时候还是7千克。妈妈带着早早去看医生，希望医生帮她确认一下，造成这种情况的原因究竟是吸收不好，还是辅食添加出了问题。

体重增长缓慢的3个原因

添加辅食后，孩子出现体重增长缓慢，要由以下3个方面去考虑，才能知道所谓的吃得多长得慢的真正原因。

问题	真正原因
是否存在辅食的宏量营养素摄入不足的问题。	辅食中的碳水化合物、蛋白质摄入不足。
孩子吃了辅食以后是否存在消化吸收不好的问题。	消化不好，就是大便里有很多没消化的食物颗粒。
	吸收不好，就是大便量明显增多。
是否存在营养异常流失的问题。	即孩子是否患有影响生长的疾病，比如过敏、先天性疾病等。

宏量营养摄入不足，既有绝对量，也有相对性

已经添加了辅食的孩子，如果体重增长缓慢，首先要考虑是否存在碳水化合物摄入不足的问题，包括婴儿营养米粉、稠粥、烂面条等。

碳水化合物是辅食中的主食，是提供孩子生长能量的主要成分，至少应该占到每次喂养量的一半，如果摄入不足，就会影响孩子的生长。

摄入量是否足够，要看是绝对不足，还是相对不足。有的孩子吃的绝对量确实比较少，不能满足生长的需要。而有的孩子看上去吃得并不少，但实际摄入量并不够，比如上面这位家长提到给孩子吃两次米糊，但没有说米糊的稠度是否够，如果米糊比较稀，孩子吃进去的米粉并不多，只是吃进去了大量的水，这种能量摄入是远远不够的。

两勺米粉冲调

一勺米粉冲调

存在营养异常流失，首要任务是治好疾病

很多慢生疾病都会影响孩子的生长发育，如果出现这种情况，首要任务是进行治疗。有一次，诊室接待了一个孩子，两个半月时的体重比刚出生只增长了0.5千克。经过诊断，孩子患有先天性心脏病。我们根据病情需要给孩子做了手术，术后孩子恢复得非常好，体重增长也步入了正常轨道。

消化吸收，营养摄入的保障

吃下去了，不等于消化吸收了

瑜瑜已经8个多月了，从出生开始，小家伙的胃口一直不错，6个月之前喝奶就不用说了，就是6个月以后的辅食添加也没让妈妈担过心，每次吃东西都像小老虎一样，甚至妈妈喂的动作都赶不上他咽的速度。看他吃得开心，妈妈也十分高兴。可是最近妈妈有点儿高兴不起来了，因为瑜瑜小朋友自从添加辅食后，生长速度一下子放缓了。这是为什么呢？

咀嚼得好，才能真正吃得好

消化功能不仅包括胃肠功能，还包括孩子的咀嚼能力。孩子是不是有很好的咀嚼能力是整个消化吸收过程中最初的，也是最关键的一步。

在没有添加辅食之前，孩子只是有吸吮的动作，吸了就咽；只有在添加辅食后，他的咀嚼肌才开始运动。所以，给孩子添加辅食，除了给他提供营养外，还有一项重要的工作是教会他咀嚼。

教孩子咀嚼最有效也最简单的方法就是用实际行动来教，在给孩子喂食的时候，家长的嘴也要动起来，尽可能夸张地做出咀嚼的动作。让孩子知道，只要嘴里有东西，就要咀嚼，帮助孩子通过模仿学习正确的咀嚼动作。

过强的吞咽功能导致消化吸收不好

　　像这位妈妈这样看着孩子吃辅食狼吞虎咽的样子就特别开心的家长生活中并不少见。他们觉得孩子把营养都吃进肚子里了。实际上，这种喂养误区往往会导致孩子吃得再多，食物提供的营养再丰富，孩子的身长、体重增长也不理想，这是因为孩子过强的吞咽能力造成的。

　　孩子的吞咽功能非常强大，甚至强于成人。成人吃东西，有时候不经过认真咀嚼都咽不下去，但孩子却能把未经咀嚼的食物囫囵地吞咽下去。

　　块状食物不经过咀嚼就咽下去，因为没有得到很好的研磨，就不能很好地被消化，又原封不动地排出去，或者只有一小部分被消化，大部分仍然不能消化而直接排出。食物得不到很好的消化，直接的后果就是营养吸收不足，生长速度变慢。

添加辅食后，便便问题需小心

9个月的团团自从添加辅食以后，出现了很多问题，比如大便中总是见到吃过的菜叶子，奶奶说小孩子吃什么拉什么很正常，不用担心。前两天吃了新的菜泥后，团团忽然开始拉肚子，团团妈赶紧带他来看医生，想知道这次拉肚子是不是添加新的食物导致的，同时也想问问医生，宝宝吃什么拉什么是不是正常。

大便中有原始食物，说明孩子的消化功能尚未成熟

大便中含有食物原始的、未被消化的东西，如吃胡萝卜，大便中就会有胡萝卜丝；一吃绿叶菜，大便里就有菜叶纤维或颜色变绿。这说明孩子的消化功能还没有成熟，对于颗粒状物质还不能完全消化。

出现这种情况，首先要考虑给孩子的食物颗粒是否过粗，性状较粗的食物添加比例过大，会影响孩子对营养素的吸收。如果确实是食物颗粒过粗，要改进这种情况，一方面是让孩子吃各种菜泥、肉泥；另一方面自制辅食要注意做得更碎、更软，如把绿叶菜用水焯一下，并用刀剁碎后再喂给孩子。

提供小比例的性状较粗

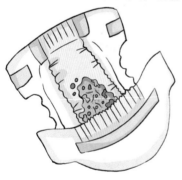

大便里有菜叶和胡萝卜丝

的食物，如米粥、小块状蔬菜等，这样既可以让孩子的胃肠功能得到锻炼，也不会影响孩子的正常摄入。一段时间后，可以逐步增大粗性状食物的比例，直到孩子完全接受为止。

腹泻，可能是食物耐受不好

在添加辅食的最初阶段，孩子可能会出现对某种食物耐受不好的现象，而腹泻就是耐受不好的表现之一。由于腹泻有可能是多种原因造成的，所以当孩子出现腹泻现象时，家长应尽快带孩子就医，或将孩子的大便标本送到医院检查。大便标本要置于保鲜膜或塑料盒内，且要在要最短时间内送到，以保证检测结果有效。

如果确认腹泻是由食物耐受不好引起的，可视孩子的具体情况进行处置：

● 如果不严重，可以维持当下的辅食量，继续观察3天。

● 如果腹泻程度减轻，说明孩子的耐受情况有所好转，可持续到孩子恢复正常后再加量，或者添加下一种新食物。

● 如果腹泻程度加重，则需要暂停当下吃的辅食，等腹泻症状消失后再尝试进食，若再次发生腹泻，则需要更换其他食物。

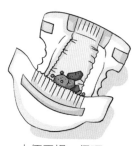

大便干燥，很硬

便秘，提示纤维素摄入不足

辅食添加引起的便秘主要与纤维素的摄入有关。给孩子添加辅食后，家长为了让孩子能更好地消化吸收食物中的营养素，往往把食物加工得过细、过精，或者直接给孩子购买经过精加工的辅食。这样做的好处是营养吸收得充分，有利于孩子的生长发育，但坏处是孩子吃的食物中残渣过少，纤维素摄入不足，就会出现大便干结、排便费力的现象，这就是辅食添加不当引起的便秘问题。

针对这种便秘现象，正确的做法是：多给孩子吃一些富含纤维素的蔬菜，同时避免对于辅食的过度加工，以保证膳食纤维的摄入。

辅食里多些蔬菜

除此之外，我们还要知道，便秘与肠道功能有关，肠道内的细菌，如双歧杆菌、乳酸杆菌等，可败解食物中的纤维素，产生短链脂肪酸，同时还会产生大量的水分，大便则变软。因此，家长一定要注意孩子肠道菌群的建立与维护，如不要过度使用消毒剂，坚持母乳喂养等。

消毒剂

当辅食添加遭遇食物过敏

食物过敏什么样?

8个月的小石头4天前吃到了一种新食物,他吃得非常开心,一边吃一边拍着小手表示欢迎。妈妈看到这种情况,就多喂他吃了几勺,并且接下来的这几天,都给他添加了这种食物。没想到,今天小石头有点儿拉肚子,妈妈有点担心,不知道是不是新食物引起的过敏,赶紧打电话咨询医生。

食物过敏的症状有哪些?

食物过敏主要会影响到孩子的3个器官:皮肤、消化道和呼吸道。

● 过敏引起的皮肤症状主要有湿疹、水肿、干燥等。

● 过敏引起的呼吸道症状有打喷嚏、流鼻涕、咳嗽、喘息等。

● 过敏引起的消化道症状有呕吐、腹泻、大便带血等。

其实,从上面的描述我们可以看出,过敏的症状并没有什么特异性,即引发这些症状可能有多种原因,因此我们无法简单地从是否出现这些症状就来判定孩子是否存在过敏问题。

过敏，72小时是观察的关键时间

案例中的孩子虽然近几天一直在吃这种新食物，但距离他第一次吃这种食物已经超过了72小时，因此他有腹泻现象与过敏相关的可能性并不大。

食物过敏可以分为急性过敏和慢性过敏两种。急性过敏大多发生在进食之后的24小时之内，甚至有可能瞬间就出现反应。慢性过敏的时间会相对长一些，但一般来说，这个时间会有一个常规节点，即进食后的72小时。因此，我们通常会建议家长在给孩子添加一种新食物时，要观察72小时。72小时内可以正常给孩子喂食这种食物，但不要再增加新的食物种类。

食物过敏，诊断需把握金标准

诊断食物过敏，世界过敏学会推荐的食物回避+激发试验可以说一个金标准，既准确，又方便家长执行。它是通过孩子吃完某种食物的反应来直接做出判断的。

食物回避+激发试验的具体操作方法如下：

72小时

孩子吃了某种食物，出现过敏症状（多在72小时之内），立刻停止吃这种食物。

等待孩子的过敏症状完全消失后，再次给他喂食这种食物。

如果孩子出现与之前相同的过敏症状，就可以确认孩子对这种食物过敏了。

食物过敏与食物不耐受，两个对比直观找不同

在前文中我们提到了腹泻也有可能是食物不耐受引起的，这两种反应是家长最容易混淆的。在分别提及两种症状的不同判断标准以及应对方式之后，我们不妨再将两者之间的不同进行一下梳理，让大家有一种更直观的感受，以防在生活中出现误判，影响孩子的健康。

不同	食物不耐受	食物过敏
食入量	食物不耐受与食入量相关，吃得越多，不耐受的表现越明显。	食物过敏则与吃多吃少没关系，哪怕只吃一口也会有过敏反应，食物过敏还有可能带来严重的后果，甚至致命。
烹饪方法	食物不耐受与烹饪方式有关，有些食物生吃容易引起不耐受，但做熟后就不会出现不耐受现象了。	过敏原是无论哪种烹饪方式都无法破坏掉的。比如花生过敏，无论是生吃还是烤着吃，都一样会出现过敏现象。

我们可以看出，食物过敏和食物不耐受虽然有可能最初出现的症状相同，如腹泻等，但从这两个角度进行直观的对比，会出现截然相反的情况，这种梳理可以帮助家长在孩子出现异常症状时进行初步的判断。

对待过敏食物采取什么态度

前几天，朋友从南方出差回来，给婷婷家送来几个大杧果。由于家住北方，这样又大又香甜的杧果很少见。婷婷妈想着1岁多的婷婷已经能吃大人饭了，尝试新水果应该没什么问题，就给她吃了几口。可没想到，才吃完，婷婷的嘴唇就肿了起来。虽然过了几个小时，婷婷的症状有所缓解，但也把婷婷妈吓了一跳，剩下的杧果也不敢再喂给婷婷了。

出现过敏症状，要马上停止进食

孩子吃了某种食物后出现嘴唇肿胀，是明显的过敏症状。很多家长会观察孩子吃某种食物是否存在红疹、腹泻、呕吐等外在症状，但嘴唇、咽部等的水肿症状往往容易被忽视，其实这种现象被称作口过敏综合征，与普通的水果等食物刺激引起的口周发红是有着本质的区别的。

幸运的是，婷婷家长的第一步做法是十分正确的。在出现食物过敏的症状后，一定要马上停止进食这种食物，因为继续进食会引起更严重的反应。在这里要提醒的是，停止进食后，家长要进一步观察，如果症状再加重的话，一定要及时就医。

容易过敏的食物有哪些

食物过敏当中，主要以鸡蛋、牛奶、大豆、小麦、花生、海鱼、壳类海鲜、坚果这8类食物为主，95%的食物过敏都是这些食物引起的。

食物过敏的严重性也要根据过敏的食物类型来归类：如果是不常

食用的食物，如海鲜、热带水果等，情况还比较容易控制。

　　如果是对基础营养的食物过敏，如对米、面、鸡蛋、牛奶等过敏，事情就会严重一些，因为这些食物太常见，不仅是大多数孩子日常要吃的，还有就是其他食物中也常常出现这些成分，如面包、蛋糕、各种奶制品等。这就需要家长在购买食物的时候一定要小心阅读食物说明。

　　同时，给孩子添加新食物时，尽量不要添加混合食物，以免混合食物中隐藏过敏的食物成分。

对待过敏食物，要实施躲避疗法

人体的免疫反应会随着过敏原的不断刺激而增强，会随着刺激的消失而减弱，如果一段时间不再获得这种信息，大脑得不到刺激，慢慢地就会对这种信息淡忘了。

实施躲避疗法要切记两个关键点：

关键点	方法
1	一定要实施完全躲避，不仅要躲避引起过敏的食物，而且要躲避所有含有这种成分的食物。如孩子对鸡蛋过敏，就要注意躲避所有含鸡蛋成分的食物，如蛋糕、饼干、冰激凌等。
2	时间一定要足够长，建议回避3~6个月。如果躲避疗法的时间不够长，孩子的免疫系统还没有忘记这种食物，这时候如果再尝试这种食物，会使免疫系统再次受到刺激，过敏反应会越来越严重。

推迟添加辅食并不能避免过敏

有的家长为避免孩子出现食物过敏，只要容易引发过敏反应的食物，恨不得孩子永远都不碰它。这种做法不仅有可能造成孩子的营养摄入不够，对预防过敏也不会有实际的帮助。

给孩子选择食物，其实跟交朋友是一个道理，我们先在一定合理的范围挑选食物，然后一点儿一点儿地、适度地去了解，去亲近。如果添加的过程中孩子没有任何不适，就像两个朋友合得来一样，这种食物就被真正地接受了下来。如果食物引发了孩子的过敏反应，那我们就要实施躲避疗法，就像合不来的朋友分手一样。

乳糜泻，被忽略的麦胶蛋白过敏症

山山6个月之前一直是母乳喂养，生长得不错。但自从6个月开始添加辅食后，进食量也正常，但就是一直没有怎么长体重。9个月常规体检时发现，他的血色素非常低。进一步检查后确诊为乳糜泻。看着这个从未见过的医学名词，山山妈非常担心，不知道这种疾病会给宝宝带来什么样的影响。

乳糜泻为什么不容易被想到

乳糜泻对于大多数家长来说是相对陌生的概念，因为过去人们一直认为乳糜泻在黄种人中发病率较低，但实际并非如此。只是有些乳糜泻患者的症状并不明显，所以很容易被忽视。

那么，乳糜泻究竟是一种什么样的疾病呢？这是一种具有遗传易感性的小肠疾病，由摄入含麸质的食物而诱发。小麦、黑麦、大麦等所含的麸质蛋白可刺激人体内的免疫系统，导致小肠黏膜的损伤。损伤的小肠黏膜可导致病人出现慢性腹泻，特别是脂肪泻，也就是大便内含有油滴，还可导致营养素吸收障碍，引起儿童贫血、骨质疏松、生长缓慢甚至停滞。

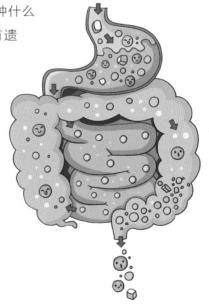

考虑乳糜泻的几种情况

乳糜泻所导致的腹泻、缺铁性贫血、骨质疏松、生长缓慢或停滞等外在表现都是非特异性的，甚至有些患者连腹泻症状都不会出现，所以乳糜泻很容易误诊。

如果出现以下情况，如难以解释的贫血，低蛋白血症，转氨酶增高，骨质疏松病引发的骨折，复发性腹痛或腹胀，皮疹等，就要考虑到存在乳糜泻的可能性，及时就医，进行抗麦麸蛋白抗体、抗组织转谷氨酰胺酶抗体等特殊抗体的血液检查。一旦抗体水平呈阳性，就应立即采取治疗。

乳糜泻，应使用无麸质食品治疗

目前还没有药物可以治疗乳糜泻。只有通过无麸质食品治疗，即立即停止食用含有麸质的食品，主要是各种麦类食品。患者只食用不含麸质的食物，包括大米、玉米、小米、豆类、薯类、水果、肉、鱼、蛋、牛奶、坚果等。

乳糜泻患者的治疗是终身性的，即终身都必须坚持无麸质饮食。只要饮食得当，今后的生长发育和生活工作能力都可保持正常。

第六章

食品安全
与进食行为

　　食物的极大丰富，反而让家长不知该怎么选择了。生命初期接触的食物，应该以安全为第一前提。而好的进食行为，也是辅食添加能否顺利进行的重要因素。

食物的选择

选种类

　　沃沃妈36岁才有沃沃这个宝贝疙瘩，总希望把全世界最好的东西都给他。喝配方粉要喝营养添加最全面的，穿衣服要穿大品牌的。现在，沃沃开始吃辅食了，沃沃妈的选择就更细致了，就连水果都得是进口的，蛇果、牛油果，什么高级就来什么。可是，姥姥却有点儿不接受："食物真是最贵的就是最好的吗？当年你只能吃到市场上应季的苹果、梨、桃，不也长得健健康康的吗？"

食物，越不常见，越易过敏

　　淘新鲜是在物质极大丰富的今天，人们在生活中非常容易出现的现象，这个现象也波及了孩子的食物领域，其中最明显的一个例子就是牛油果的选择。前一阵，我的一个朋友刚满6个月的孩子过敏了，问她原因，发现是孩子的奶奶听身边的妈妈都在推荐牛油

果，就没和家人商量，直接买来给孩子吃了一点儿。

另一个典型的食物是燕麦，美国有燕麦米粉，美国孩子吃起来没有问题，是因为美国人从小吃燕麦，他们对燕麦的接受度很高；而中国人从小吃的是大米、小麦，不常吃燕麦，所以孩子吃燕麦容易过敏。

我们说，越是不常见的食物，引发过敏的风险越大，所以给孩子选择食物，尤其是辅食添加初期，一定要尽量选择家庭中常见的食物种类，对于牛油果、蛇果等不常见品种要谨慎选择。

物种差异性越大，越不易接受

父母在给孩子选择食物种类时还容易忽视一个问题，那就是物种差异性。比如有的家长觉得海鲜的蛋白质含量丰富，除了给孩子吃海鱼外，还会给孩子选择虾、贝类等带壳的海产品，而这种带壳海产品都与人类物种差异很大，差异性越大的食物，其蛋白质的差异性就越强，引发过敏的风险也就越大。

食物多样化，不等于任性搭配

有的家长可能会对我们尽量选择身边常见食物的建议表示异议，认为你不是说食物要多样化，才能做到营养均衡吗，如果在选择食物的时候，这也不行，那也不行，食物多样化从何而来。

食物多样化并不等于任性搭配，食物多样化也不等于把身边常见的食物都更替成外国食物。这个选择是有前提的，要在一定范围、家庭居住的地域、家庭的饮食习惯等实际情况下进行综合考虑。

看产地

　　看到身边的妈妈都给孩子海淘配方粉、营养剂、辅食等，依依妈妈一直非常羡慕，但又觉得代购有风险。正好，机会来了，依依小姨不久后要去欧洲工作一段时间，依依妈妈赶紧写了个长长的购物清单交到小姨手中，有维生素D，有DHA，还有各种罐装的辅食。依依奶奶看着依依妈妈兴致勃勃的样子，心里有点儿打鼓：宝宝这么小就吃国外的食物，能习惯吗？

国外的婴儿食品是按照外国孩子的口味调制的

　　国外的婴儿食品就一定比国产的好吗？我们要知道的一点是，国外的婴儿食品是给国外的孩子设计的，会根据当地人能接受的口味进行调制。家长给孩子买国外的婴儿食品，一般会选择相对热销的种类，即在当地口碑比较好，孩子接受度比较高的辅食。

　　但实际上，当地孩子喜欢吃，不等于一定符合中国孩子的口味。虽然家长认为这样的食物营养丰富，食品安全性也有保障，但其实孩子未必喜欢吃，即使喜欢吃，它引起食物过敏的风险也要比吃本地辅食大。

食物选择要充分考虑地域性

　　中国人的饮食习惯带有很强的地域性，西部和东部地区的饮食习惯不一样，北方跟南方的饮食习惯也不一样。有的地方口味偏甜，有的地方口味偏咸，有的地方无辣不欢，所以各大菜系才会特点分明。

　　而在实际生活中，我们会发现，对于本地的食物，孩子的接受度会高一些，这是由于某类食物在某个地方非常普遍，这其实也是适者生存的结果，其中包含的因素很多，如食物产出的地域性分布、气候原因导致的饮食偏好等等。

　　而现在孩子出生在物质极大丰富、国际交流日益频繁的年代，供选择的辅食种类数不胜数，所以家长要想尽办法让孩子获得更好的、更有营养的食物，却忘记了地域性、本土性的问题。

选择有地域性的，本土性的食物吧。

顺应家庭偏好

皮球儿小朋友已经快9个月了，添加辅食已经3个月，能吃的辅食种类也从单一的米糊变得越来越多样。也正是由于这个原因，如何给皮球儿选下一种新辅食，就成为皮球儿妈最苦恼的事情。这么多的食物，到底该如何给宝宝选择呢？

给宝宝挑选食物，从父母最常吃的种类入手

由于遗传的因素，孩子的体质和口味与自己的父母相似度非常高，同时，家庭的饮食习惯、食物种类的选择也会对孩子有很大的影响。

　　每个家庭都有自己的饮食习惯和偏好，在给孩子添加辅食的时候，除了要考虑营养因素，家庭成员的饮食偏好也要考虑进去。也就是说，我们给孩子选择辅食的时候，可以先从父母经常吃的食物中进行挑选。

参考家庭偏好挑选辅食，易接受、更安全

　　吃辅食只是一个过渡阶段，孩子大一些后，是要跟大人一起吃饭的，家里通常爱吃什么菜，爱放什么调料，孩子自然也会接受。所以，在选择辅食时，要把家庭的喜好考虑进去，这样孩子在辅食阶段就接触到大人喜欢吃的菜，以后一起吃饭了，他接受起来就容易。

　　挑选辅食参考家庭偏好，安全性也会有所提升。孩子吃的是父母经常吃的食物，父母基因里有对于这些食物的记忆，传给孩子，孩子对这些食物的接受度就高，过敏的可能性就小。如果孩子的辅食选择的是连家长都没吃过或不爱吃的食物，父母基因里没有对这些食物的记忆，孩子吃了后过敏的风险就高。

　　如果父母对某种食物过敏，这种食物不要过早添加，要谨慎、要尝试，这样才能让孩子顺利接受辅食，降低过敏的可能性。

辅食，自制PK成品

　　5个月的科科不久后就应添加辅食了，可到底是给他吃成品辅食，还是在家自己制作，关于这个问题，家里的两位主要照看者意见很不统一。妈妈觉得买成品辅食方便，营养素也丰富；奶奶觉得自制辅食更安全。至于爸爸和爷爷两位男士，好像有点儿墙头草的样子，觉得她俩说得都有道理。那到底应该如何选择呢？

成品辅食营养均衡，但有添加成分

　　成品辅食的优势是它往往不是某一种单一成分的食物，会根据孩子的生长需求，添加一些营养素，所以营养相对比较均衡。但是，由于成品辅食是工业成品，所以在口感等各方面会有统一标准的要求，为了达到这个要求，在生产的过程中需要进行一定的调制。比如苹果成品，一棵树上的10个苹果，它们的大小、味道都有一定的差别，不可能完全一样，但如果制成10罐苹果汁或苹果泥，就必须保证口味的统一性。

　　正是由于成品辅食在生产过程中会出现可允许范围内的味道调制，所以就不可避免地会有添加，这些添加物便会增加过敏的可能性。

自制辅食无添加，但需搭配

相对于成品辅食的添加问题，在家里自己给孩子制作辅食，就可以做到完全无添加，因为它不需要每次都达到统一的标准。所以从预防过敏的角度出发，如果条件允许，给孩子自制辅食是比较安全的。

但是，自制辅食有可能会因父母偏好而导致营养素比较单一，再加上缺乏工业制作过程中的营养添加，如果长期不注意的话，有可能会导致孩子的某些营养摄入不足。所以如果家长选择在家自制辅食，在不打乱辅食添加规则的前提下，一定要尽量提供丰富的辅食种类，不同辅食的各种搭配，既可以令营养更丰富，也会使孩子不容易产生总吃某一种食物的厌烦感。

选择无对错，看具体需求

食物的来源是选择工业成品，还是家庭自制？这是辅食添加领域里的第一道选择题，虽然只有两个选项，但真正毫不犹豫地做出选择的家长却极少，因为我们从前面的分析可看出，它们各有利弊，对比起来可算是势均力敌。

总体来说成品辅食食用起来方便、快捷，而且营养均衡，但里面的添加成分会增大过敏的可能性；自制辅食操作起来占的时间和精力会多一些，也会有营养单一的可能，但预防过敏的效果会好得多。

所以，这道选择题的答案无关对错，因为从总体来讲，成品辅食还是相对安全的，自制辅食的单一性改变起来难度也并不大，所以只要在做决定的时候看家庭的情况具体问题具体分析，选择哪一种都不必过于担心。

良好进食行为，让孩子享受吃饭

吃饭，氛围很重要

2岁的小知吃饭一直是个难题，常常一顿饭吃不了几口就不吃了，过不了多久就追着妈妈说饿，要吃零食。批评、惩罚，各种方法都用过了，但效果一直不理想。看着小知瘦瘦的小脸，妈妈真是发愁。

饥饿感，让吃饭变成孩子自己的事

要想让孩子好好吃饭，首先要让他有饥饿的感觉。现在孩子的吃饭问题非常大的比例是由于孩子没有体验过饥饿的感觉。因为家长往往不管孩子饿不饿，到时间就给孩子喂食。再加上有的家庭还会给孩子备有很多零食，孩子零食不离嘴，当然就不知道饿了。

若想让孩子体验到饥饿感，首先在两顿饭中间不要给孩子吃任何零食。即使他说饿了，也只是给他喂点儿水，不要额外吃任何东西。既不要指责他是因为不好好吃饭才饿的，也不要表现出心疼的样子，可以陪他做一会儿游戏来分散他的注意力，一直等到下次吃饭的时间到了再给他吃。

这种饥饿疗法一开始效果可能并不显著，因为孩子有可能吃到半饱的时候，不觉得饿了，就不认真了，开始玩起来。但家长一定要坚持一段时间，让孩子知道如果他不好好吃饭，中间饿了确实没有零食吃。用不了多长时间，他吃饭就会认真得多。

夸出来的吃饭好情绪

　　孩子吃饭好不好，不是批评出来的。有的家长只要孩子吃得少一点儿，就开启批评模式："你怎么才吃这么点儿？你看你个子这么小，就是因为吃得少！"还有的家长采取比较模式："你看你小小哥哥，一次能吃一大碗！" 食欲与情绪密切相关，这种以批评、攀比为主的应对方式往往会让孩子吃饭时情绪越来越糟糕，进食情况会更加不理想。

　　对于孩子的吃饭问题，我们也要以鼓励为主，不要规定必须吃多少，而是只要孩子吃得比上一餐有进步，哪怕只有一点点，就要及时给予鼓励。比如可以这样说："你今天自己吃了一碗饭，真不错！""呀，你把几块小肉肉都吃了，给个大拇指！"即使孩子没有达到你的要求，也要换一种表达方式："今天你进步很大，明天要是再多吃两口胡萝卜就更棒了！"

一起吃，吃得更香甜

有些家长常常有这样的困惑：孩子在家吃饭可困难了，可到了幼儿园，这个问题会有很大程度的缓解。有些老人会这样解释这种现象：孩子多，抢着吃，吃得香。出于安全考虑，我们不建议成人用谁吃得快、吃得多来对孩子进食进行比较，但这个现象很大程度地说明，吃饭是需要氛围、需要同伴的。

如果孩子自己吃饭效果不理想，不妨把孩子的小餐椅放在餐桌旁，在大人吃饭的同时，喂他吃自己的辅食，大人吃得香甜，孩子也会受到影响，吃饭效果会好很多。同时给孩子一个小勺，让他自己尝试着吃，会更加提高孩子对吃饭的兴趣。

制定吃饭原则，弹性与底线并存

有的妈妈为了让孩子吃好饭，什么都可以答应他，比如孩子爱吃洋快餐，为了让他多吃一点儿，就天天给他买。为了让孩子多吃几口，会给出不合理的承诺。这种做法是非常错误的。

我们做什么事都要遵循一定的原则，吃饭也不例外。但是这个原则的制定要有一定的弹性，比如每餐吃什么，允许孩子在一定范围内自己挑选。遇到孩子不爱吃的菜，也可以通过其他变通方式再尝试，如把小白菜做成馅，包饺子给他吃；西葫芦切细丝，放进孩子爱吃的鸡蛋饼中……这些弹性手段都可以帮助孩子达到我们对他的进食要求。

而同时，对于零食的把控，营养的均衡设置等原则，都是家长必须坚持的。

养成良好的进食习惯

　　1岁2个月的天天每次吃饭的时候，就成了全家齐动员的时刻，得有人抱着，有人陪着玩，再加一个人喂……一顿饭下来，大家就跟打仗一样。就是这样，小家伙还是这也不吃，那也不吃，挑食非常严重。什么时候才能让他养成良好的进食习惯呢？

吃饭，同样要专心

　　虽然所有的妈妈都希望孩子做事要专心，而实际上，我们的很多做法跟这种希望是背道而驰的。比如，我们希望孩子学习专心，却总在他看书的时候不时地问各种问题去打扰他。吃饭也一样，有时候为了让孩子吃得多一点儿，会边喂饭边给他讲故事，甚至放动画片，吃饭时间过度延长，有时候能够长达1个多小时。这种边吃边玩的做法，不仅对孩子的营养吸收造成不利的影响，进一步影响孩子的生长，而且对孩子将来在做其他事情的专注度上的影响都是负面的。

　　对待孩子吃饭不专心的问题，家长可以通过共同进餐、语言鼓励等方法进行正面引导，同时还可以规定进餐时间，过了时间，无论孩子是否吃饱，都坚持把餐具收走，而且在两餐之间不额外提供零食。让孩子明白，如果不专心吃饭，即使吃不饱，也没得吃了。

不挑食、不偏食，才能营养均衡

挑食、偏食在一定程度上是过早让孩子接触各种单一口味的食物造成的。相信每一个成人都有过这样的体验，当几种口味的食物摆在我们面前的时候，我们会不由自主地选择自己喜欢的那一种，孩子也一样。

在孩子接触的辅食种类达到一定程度后，为了营养均衡，也为了不让孩子出现饮食偏好，要尽量给孩子吃混合食物，即把饭菜混合在一起让他吃，而不要吃口米粉，吃口菜，再吃口肉，或者这顿吃米粉，下顿吃肉泥。应该搭配着吃，有饭有菜，有荤有素。到孩子大约1岁以后，通过吃混合食物已经能够接受各种食物的味道了，再开始尝试着像成人一样进餐。

适度饮食，健康成长

在生活中，我们既可以看到不知道饿的孩子，也会见到不知道饱的孩子。有的孩子可能会吃到再吃一口就吐的程度，也不会放下饭碗。这些多多少少都与小时候家长的强迫进食有关系。其实，人的本能是知道饥饱的，但长期由父母来确定进食量，会让孩子的这一能力慢慢减退。

所以只要孩子的生长曲线是正常的、匀速上升的，我们就不必把每一餐的进食量过度放在心上，要把一餐的把控权交给孩子，这样等他长大后，才能真正地做好自己的饮食管理，学会适度饮食。

第七章

辅食
热点提问

对于辅食添加，家长有问不完的问题，有关于添加时间的，添加种类的，还有添加效果的……

与添加时间有关的提问

3个月开始添加米粉会影响发育吗？

Q：我家宝宝3个月了，从出生开始一直是母乳喂养。但现在出现的问题是母乳不够吃，宝宝又不爱喝配方粉，我就给他加了米粉。宝宝很喜欢吃，但我有点儿担心，才3个月就添加米粉会不会对他以后胃肠的发育有不好的影响呢？

A：3个月添加辅食会使孩子的胃肠负担过重。

孩子才3个月就添加辅食，确实过早了。目前没有任何国家的任何研究证明3个月添加辅食的可行性。过早添加辅食会使孩子的胃肠负担过重，影响孩子的整体发育情况。如果过早添加辅食的原因是母乳不足，建议妈妈通过调整自身饮食，增加喂奶次数，延长每次哺喂时间等方法来增加泌乳量。

如果因为某些原因不得不给孩子加配方粉，而孩子却比较抗拒，这种情况下，应该在孩子饥饿的时候先给他喝一定量的配方粉，然后通过母乳喂养的方式补充喂养。喝配方粉的时候，最好换其他的看护人，而不是由妈妈来喂，而且在喂配方粉的时候妈妈最好回避。这是由于孩子会把妈妈和母乳联系在一起，同一个喂养人，却是完全不同的乳汁味道和喂养方式，有可能会让孩子产生抗拒感。

无论使用什么方法，都要保证孩子摄入足够的奶量，添加辅食的时间切不可过早。

患湿疹的宝宝什么时候添加辅食？

Q：我儿子4个月了，由于我的身体原因，宝宝从一出生开始就是配方粉喂养。大约从他2个月起，就一直断断续续地长湿疹，有人说湿疹是过敏引起的，添加辅食时要小心。我不知道长湿疹的宝宝几个月大开始添加辅食好，在添加辅食时有哪些需要注意的问题。

A：给患有湿疹的孩子添加辅食，首先搞清楚孩子患湿疹的原因。

患湿疹的原因有很多种，除了吃东西不当引起的食物过敏，皮肤受外界的刺激及孩子的皮肤发育状态都有可能与湿疹有关。

家长需要及时咨询医生，确认过敏是否与配方粉有关。如果是由配方粉引发的过敏，则需要听从医生建议改喂深度水解蛋白配方粉或氨基酸配方粉，之后再慢慢过渡。在孩子的过敏情况基本稳定、不再反复的情况下，可以和其他孩子一样，在满6个月以后添加辅食。

但是对于牛奶蛋白过敏的孩子，添加辅食后一定要注意不能吃含奶成分的食物。由于有些米粉里面就添加有奶的成分，所以购买时一定要仔细阅读产品说明书，及时规避过敏风险。

添加辅食的过程也要格外注意，每添加一种新食物要观察3天，确认孩子没有任何不适的反应，才可以逐渐地添加，同时要保证每一次添加的新食物都要是单一的食物，以免出现过敏反应时无法及时地确认引起过敏的成分是哪一种。

乳糖不耐受的宝宝4个月可以添加辅食吗？

Q：我女儿4个多月了，她前几天生病使用了抗生素。现在病好了，可一喝配方粉就拉肚子。医生说宝宝出现了乳糖不耐受。我本来想这段时间开始给宝宝添加辅食，这样一来便有点儿担心，请问乳糖不耐受的宝宝4个月可以添加辅食吗？

A：添加辅食不宜过早，且要错过孩子出现乳糖不耐受现象的那几天。

在回答这个问题之前，我们先要了解一下孩子为什么会出现乳糖不耐受。实际上，原发性乳糖不耐受即原发的肠道乳糖分泌不足所导致的乳糖不耐受的情况非常少，比例只占总数的1%左右，这一类情况需要添加乳糖酶，或者是换成无乳糖的配方粉。约99%的乳糖不耐受属于继发性的，这种情况通过短时间的不含乳糖的饮食调节就可以控制好。

接下来我们再来回答具体的问题，首先，孩子4个月就开始添加辅食时间有些偏早。其次，孩子正处于胃肠不适的阶段，这时候添加辅食，对孩子的胃肠来说，将是一个非常大的刺激。

有的妈妈会对这个观点提出异议：同样是身体不舒服，为什么咳嗽、发烧或是流鼻涕可以按照常规添加辅食，而拉肚子就不行？在这里，我们可以举个简单的例子，成人腹泻的时候，吃东西也会有一定的限制，何况是这么小的孩子。

这种继发性的乳糖不耐受持续时间一般都不会很长，建议等孩子由添加乳糖酶或不含乳糖的配方粉完全转换回正常的配方粉的过程后，情况稳定了，再视孩子生长发育的情况具体决定是否添加辅食，不必过于心急。

早产的宝宝什么时候开始添加辅食?

Q：我的女儿是早产儿，现在她已经出生6个月了，我想开始给她添加辅食，可我的朋友告诉我，早产儿的辅食添加不能按足月儿那样进行。由于是早产儿，宝宝的生长发育一直没有追上足月儿，所以我想通过添加辅食让她长得快一点儿。请问早产的宝宝什么时候开始添加辅食合适呢?

A：对于大多数早产儿来说，添加辅食的时间应以矫正月龄满6个月为参考。

早产儿由于追赶性生长的需要，比足月的孩子更迫切需要获得能量和铁、锌、维生素等营养成分，对于大多数追赶生长良好的早产儿，建议在矫正年龄满6个月这个阶段，根据孩子的具体生长发育情况决定添加辅食的具体时间。

一般来说，小于矫正月龄6个月的孩子的胃肠道功能还不够成熟，不能完全阻挡不适宜的物质穿透肠壁进入血液，过早添加辅食易导致孩子出现腹泻、腹胀、便秘、呕吐等消化不良或引发食物过敏。而过晚添加辅食，孩子则可能会发生喂养困难的情况，造成营养素摄入不足，影响他的生长发育。

> **矫正月龄=实际月龄 - 早产周数 / 4**
> 早产周数= 40周 - 出生时孕周

给早产儿添加辅食还要学会计算孩子的矫正月龄。

以问题中的孩子为例，她的出生胎龄为34周，早产周数=40周-34周=6周，当孩子的实际月龄为6个月时，她的矫正月龄=6个月-6周/4=6个月-1.5个月=4.5个月。当然，对于少数出生胎龄较小，生长发育明显落后的早产儿，需要根据他的发育情况，在医生指导下确定添加辅食的时间、种类及喂养方式等。

8个月的宝宝只爱喝奶怎么办?

Q: 我家宝宝是母乳喂养,现在8个月零3天,在他6个月的时候,我开始给他添加辅食。可不知道为什么,他对各种辅食都不感兴趣。目前他主要还是喝母乳,辅食只是每天在我们的坚持下吃一点点意思意思。请问怎么样才能让宝宝爱上辅食呢?

A:先排除是否存在过敏现象导致孩子吃了不舒服的情况,再培养好的饮食习惯。

孩子不接受辅食,原因有多种,首先,我们需要排除食物过敏。如果孩子对某种食物过敏,除了皮肤红疹、腹泻等症状,还可能存在咽部不适,胃肠道不舒服等感受,孩子年龄还小,无法把这种感受说出来,他能够表达的就是对辅食的拒绝态度。如果是这种情况,就要找到使孩子过敏的食物,把这种食物从孩子的辅食食谱中去除掉。

大部分的孩子不喜欢吃辅食,主要还是家长的喂养行为存在问题。特别是母乳喂养的妈妈。为什么会这样呢?孩子刚开始接受辅食时,由于咀嚼能力不够、对新食物有抵触心理等原因,第一步走得并不一定顺利。妈妈怕孩子饿到,一看孩子辅食吃得太少,马上就开始喂母乳。这样孩子会觉得自己不吃辅食也饿不着,对辅食的态度就会更加不积极。

除此之外,家长给孩子准备的辅食也要符合孩子的月龄需求,由少到多,由细到粗,由稀到稠,如果孩子还小,添加的辅食种类过杂,或者食物颗粒过大,都有可能导致孩子对辅食的拒绝。

在排除了过敏的情况下,只要让孩子体会到适当的饥饿感,并且注意食物添加的性状,相信孩子会逐渐接受辅食。

1岁的宝宝可以吃大人饭了吗?

Q: 我女儿是个妥妥的小吃货，从很小的时候就开始对我们大人吃的饭菜感兴趣。每次我们吃饭，她就"啊、啊"地叫着往餐桌上扑。之前觉得她还太小，我们没敢让她尝试。但前几天她满1岁了。有人说，宝宝1岁以后就可以吃大人饭了，请问这种说法是对的吗?

A：对于1岁的宝宝来说，大人饭只能作为调剂，不可代替辅食。

吃饭，对于我们人类来说，不仅仅是为了获得营养，还会从中获得愉悦感，这里面既有的是单纯从食物的美味中获得的，也有的是一家人或一群朋友在一起进餐的愉快氛围带来的。其实，从孩子能够独立坐起，吃辅食时起，就可以和大人围坐在餐桌旁一起吃饭了。当然，这个阶段，孩子因为个子比较小，还需要坐特定的儿童餐椅。根据我国的居民膳食指南建议，这个年龄段孩子的辅食才刚刚可以额外添加盐，所以孩子的辅食还是要与大人饭区别开，孩子只是坐在自己的餐椅上，吃着自己的辅食，或者大人的饭菜也做得清淡些，和大人一起享受全家人共同进餐的快乐。

如果孩子看着大人的饭菜强烈要求吃，也可适当地给孩子吃几口尝试一下，以促进孩子的进餐热情。只不过要注意的是，大人的饭菜也要尽量少放盐和其他调味品，以清淡为主，否则孩子接触过口味较重的饭菜，一方面有可能增加孩子的消化系统的负担，另一方面有可能使孩子失去对自己"清淡"食物的兴趣，影响他的营养摄入。

与添加种类有关的提问

添加水果或蔬菜是否需要蒸或煮?

Q: 我家宝宝马上就要满6个月了，不久就要开始添加辅食了。有人说，刚开始吃辅食的宝宝，一定要吃加工熟的食物。我想知道，给宝宝添加水果和蔬菜是否也要蒸熟或煮熟了再吃?

A：蒸熟和煮熟的过程会破坏掉水果、蔬菜里的维生素，所以水果要吃自然熟的，蔬菜的加热时间不宜过长。

我们说吃水果要吃熟的，完整的说法其实是自然熟的水果，而不是蒸熟或煮熟的，因为蒸熟和煮熟的过程会破坏水果中的维生素，也会破坏水果原本的味道，如甜甜的苹果蒸熟后口感会变酸，容易引起孩子反感。

在给孩子准备辅食时，家长除了块状蔬菜要加工熟之外，绿叶菜也大多会焯一下或者炒一下。但当下给孩子吃绿叶菜存在着过度加工

的问题，即把绿叶菜通过蒸、煮，弄得烂烂的，才放到孩子的小餐盘里。这种做法同样会破坏蔬菜中大量的维生素。其实，解决的办法很简单，只要把蔬菜用烧开的沸水焯一下，再剁得更碎一些就可以了。

给宝宝多吃蔬菜少吃主食可以预防肥胖吗?

Q: 我的女儿已经10个月了,添加辅食后她胃口一直挺好的,各种辅食都能吃一些了,我希望女儿长大后有个苗条的身材,想到成年人控制体重时都会减少主食的进食量,所以想让她多吃蔬菜,少吃主食,不知道这种做法是否可行?

A:主食的摄入过少,食物中产生能量的成分不足,会影响孩子的生长发育。

家长减少孩子每一餐摄入主食的比例,加大蔬菜、肉、蛋的摄入量,一般出于两种考虑,一种是怕孩子长胖,另一种为了让孩子更多地摄入维生素、蛋白质以及微量元素。但是无论是哪种理由,这种做法都不会帮家长达到目标,孩子虽然也会吃得很多,看似胃口不错,但往往体重增长却十分缓慢,甚至影响生长发育,喂养效果不好。

为什么孩子总进食量并不少,却长得不好呢? 这是由于婴儿饮食中最为重要的营养素是宏量营养素,即蛋白质、脂肪和碳水化合物,其中碳水化合物最容易被转化吸收。一次进食中菜、肉占的比例过大,碳水化合物为主的主食过少,少于每次进食的一半,会导致碳水化合物摄入不足,导致能量摄入不足,不利于孩子体重的增长。

用骨头汤炖饭吃会不会营养单一？

Q：我的儿子从小就比较偏食，尤其不太爱吃肉，长得也比同龄宝宝瘦小一些。老人告诉我，骨头汤营养丰富，是补身体的好东西，让我熬一些骨头汤，每餐给宝宝炖饭吃。可我闺密却告诉我，骨头汤里的营养很少，长期给宝宝吃只会造成营养不良。请问她们谁说得对？

A：骨头汤的主要成分是水，所含营养物质比较少，长期单一摄入，会造成严重的营养不良。

在很多人的饮食观念当中，都存在一个误区，即无论是生病了、手术后，还是孩子需要长个等，只要需要补身体，就一定离不开汤，尤其是骨头汤，被认为是补钙、补身体的首选。

其实，骨头汤的主要成分是水，所含的营养物质非常少。汤熬得再浓，肉里的营养物质也不会融到汤里。很多家长认为熬完汤的肉没有营养了，弃之不用，只给孩子喝汤，辛苦烹制了很长时间，却把最有营养的东西舍去了，这种以汤补身体的做法得不偿失。而且熬的时间越长，汤里的嘌呤越多，对孩子的生长发育会产生不良影响。

无论是哪一种食物，都无法提供孩子生长所需要的全部营养素，因此，若要保证均衡的营养摄入，一定要给孩子吃多种多样的食物。

可以每天都吃胡萝卜吗?

Q：我女儿10个月，能吃的辅食种类已经很多了，在添加的蔬菜中，她最爱吃胡萝卜，现在几乎每天都要吃胡萝卜泥或胡萝卜粥。我担心每天添加胡萝卜会不会量有点儿多，请问这样做可以吗?

A：不太建议每天吃，应注意食物的多样性。吃胡萝卜一要适量，二要合理。

胡萝卜含有大量的β-胡萝卜素，摄入后可以在人体内转换为维生素A，而维生素A对于提高人体的免疫力、预防夜盲症等都有着很好的功效，所以胡萝卜是可以长期给孩子食用的辅食蔬菜，但是不太建议每天都吃，注意食物的多样性。

给孩子吃胡萝卜有一定的要求，否则不但无法充分吸收胡萝卜中的营养素，还会造成不必要的麻烦。

一是辅食的蔬菜种类不要过于单一。一方面是只有多种类的食物，才能保证孩子营养均衡，另一方面是如果种类过于单一，甚至只有胡萝卜一种的话，为了保证总的摄入量，就会过量食用胡萝卜，而过量食用胡萝卜可能会造成孩子的皮肤黄染现象。

二是烹制方法要正确。食用胡萝卜如果采取水煮、直接蒸或者炖粥等烹饪方法，营养素吸收会大打折扣。正确的烹制方法是一定要和油脂相结合。我曾经在微博提到过一个简单可行的方法，在这里推荐给大家。把胡萝卜切成大块，放油，炒一下再蒸，蒸熟后碾成泥状喂给孩子。先炒后蒸，在蒸的过程中能够保证胡萝卜中的营养素和油脂的充足结合。

可以给宝宝添加一些营养品吗？

Q：我儿子11个多月了，前几天，我表姐带着她家宝宝来我家里玩，表姐的宝宝只比我儿子大不到1个月，却比我们宝宝高出好几厘米，也壮实很多，看上去两个宝宝像有半岁的年龄差。看着我羡慕的眼神，表姐说她一直给宝宝吃蛋白粉和牛初乳，建议我也给宝宝添加一些。请问这样可行吗？

A：只要食物选择得当，保证膳食均衡，不必额外补充营养品。

很多家长由于各种各样的原因，如担心孩子长得不够快、食品安全存在问题，被市场上宣传的各种营养品的神奇功效所吸引，会给孩子或多或少地添加一些营养品，如蛋白粉、牛初乳，或者在国外购买的各种维生素及微量元素补充剂等。

这种做法存在很多问题：

一方面，孩子每天的营养应来自于丰富的饮食，我们根据孩子的年龄选择适宜的食物种类，再根据孩子的具体情况制定可接受的喂养量标准，以保证孩子的均衡营养及合理进食，这才是孩子生长发育的基础。只要孩子能够摄入充足均衡的食物，就可满足他生长发育的需要，不需要额外补充营养品。

另一方面，额外补充营养品会存在一定的风险，首先是市场上所谓的营养品，有效成分及含量无法确定；其次则是无论哪种品牌的营养品都会多多少少含有添加剂、防腐剂等，我们给孩子选择的补充营养品越多，摄入的添加剂和防腐剂也会越多。

因此，一般情况下，只要孩子的营养均衡，进食及生长发育正常，除了维生素D外（应注意量）是没有必要额外添加营养剂的。

宝宝太爱吃零食怎么办?

Q: 我儿子在1岁前没有接触过零食，辅食添加一直很正常。可是有一次，我朋友带着女儿来家里做客，不仅带来了很多玩具，也带来了她女儿爱吃的零食，小饼干、小蛋糕、薯片等等，装了一个大袋子。这次经历，一下子打开了我儿子通往零食的大门，开始只吃几种，再后来我们带他去超市，他就自己从货架上拿。现在他吃零食太多，都有点儿影响吃饭了，请问我们该如何应对?

A：针对孩子爱吃零食的问题，宜疏不宜堵。

适当吃一些健康的零食，并无不可。但长期大量吃一些不健康的零食，确实有害健康。适当吃吃零食对孩子健康的不良影响可以从两个大的方面来分析。

一是如果频繁地吃零食，看上去孩子进食量不少，但胃肠功能没有达到正常状态，对营养素的吸收会大大降低。另外，总是吃东西，孩子无法体会到饥饿感，从长远的角度来讲，就会大大降低他吃饭的热情，这对孩子的生长发育是十分不利的。

二是目前市场上售卖的很多零食都含有添加剂，有用来改善口感的，如甜味剂、食盐等；也有用来保质的，如防腐剂。这些添加剂都会增加孩子出现过敏现象的风险。

但是，随着孩子年龄的增长，绝对杜绝零食也是不现实

的，一是大环境的影响，别的孩子都在吃，孩子一点儿不吃，有可能会被群体孤立，造成心理伤害。二是面对零食，一点儿都不吃的孩子就像生活在"真空"中，将来长大后面对琳琅满目的食品，由于缺乏从小的引导，对于食物是否健康等会缺少必要的甄别能力。

所以孩子爱吃零食，家长的做法不必过于绝对。正确的做法是，首先要筛选哪些是健康的食品，如果时间允许的话，也可以和孩子一起在家自制小饼干、小蛋糕等作为零食，既可以减少食物中的添加剂，也可以促进亲子关系。其次是把握好吃零食的时间，要避免在正餐前1小时内吃零食，以免影响孩子的正常饮食。

可以用酸奶代替配方粉吗？

Q：我儿子已经10个月了，辅食添加的过程比较顺利，但自从添加辅食后，他的大便有点儿干，我听说酸奶里面富含益生菌，想用酸奶来替代配方粉，以此来调节一下宝宝的胃肠功能，不知是否可行？

A：以鲜奶为基础的酸奶，建议到孩子1岁后才能添加；以配方粉为基础的酸奶，也只能作为辅食存在，不可完全替代配方粉。

酸奶是奶在双歧杆菌、乳酸菌等活性益生菌的作用下，经过发酵而来的。相比奶来说，酸奶不仅性状由液体变成了半固体，成分也有所改变，它富含对人体有益的益生菌及益生菌产生的助消化的酶等。

但是，我们并不鼓励太早给孩子添加酸奶，一般情况下，建议孩子1岁后才喝酸奶。这是由于大部分的酸奶是以鲜奶为基础制作的，而常规推荐添加鲜奶的最低年龄是1岁。

当然，随着家用酸奶机越来越普遍，很多家庭选用配方粉为基础来制作酸奶，这样的酸奶可以适当给已经开始辅食添加的孩子食用。但需要提醒家长：即使主要基础材料是配方粉的酸奶，也不能完全替代配方粉，这是由于婴幼儿如果过量摄入益生菌，有可能会导致腹泻的发生。

而针对孩子添加辅食大便变干的问题，主要是膳食纤维摄入不足造成的。随着孩子的年龄增长，适当加粗辅食的颗粒，不要只吃泥状食物，同时多给孩子吃一些蔬菜，这些做法都可以适当缓解大便干结的现象。

与添加效果有关的提问

吃婴儿营养米粉后大便变成墨绿色，还可以继续吃吗？

Q：我儿子6个多月了，前几天我给他添加了婴儿营养米粉。可不知为什么，吃完米粉后，他的大便颜色一下子变了。原来是黄黄的，但吃完米粉后的大便却是墨绿色的。请问这是怎么回事？可以继续吃吗？是否需要给宝宝换一种米粉？

A：大便变绿，可能是孩子对于米粉中的铁吸收不够完全，可以继续吃。

随着孩子吃的食物种类越来越多，大便的颜色也会相应变化。只要孩子吃得好，喝得好，长得好，大便的颜色不是主要问题。

大便的颜色变绿，如果孩子在米糊之外，还添加了菜泥，有可能是蔬菜被消化后，绿色的色素过多，超过了孩子的吸收能力，伴随食物残渣被排了出来。

如果无其他绿色食物成分摄入，可看一下孩子添加的米糊是否是强化铁的。补铁的孩子大便呈绿色、黑色都有可能。如果是这种情况，说明孩子对铁的吸收还不完全，只要大便性状正常，就不必担心，可以继续吃。以后随着孩子胃肠的吸收能力增强，大便的颜色就会变回黄色了。

吃土豆泥过敏，是不是添加顺序错了?

Q：我女儿7个月了，昨天我第一次给她吃土豆泥，没想到她出现了过敏反应，请问我是不是添加顺序错了？是不是不应该给她那么早吃土豆泥？

A：蔬菜过敏的概率较小，不要轻易下结论。

这位家长没有说孩子究竟出现了什么样的症状，也没有提及土豆泥是购买罐装的食品还是家庭自制的，所以回答这问题就会存在两个不确定性。

第一个不确定是孩子是否是真正过敏了。孩子的皮肤薄，吃完某些食物后，口周有一点点红，几个小时后消退，这种现象可能是由于食物成分刺激导致的，不属于过敏现象。

第二个不确定是如果给孩子吃的是罐装食品，那么里面的成分有可能并不是纯土豆泥，即使真的出现了过敏现象，也无法确定究竟是对土豆本身过敏还是对土豆泥里的某一种成分过敏。

目前我们进行过敏诊断，主要是通过食物回避+激发试验，即发现可疑过敏食物便停下来，等待症状消失，然后再试着吃这种食物，如果又出现了同样的过敏反应，则说明孩子真的是对这种食物过敏了。如果没有出现过敏反应，则说明可能是其他原因造成的。

一般情况下，孩子对蔬菜过敏的概率很低，所以在辅食添加的过程中遇到类似现象，一定不要轻易下结论，就把某种蔬菜从孩子的食谱中剔除。

添加辅食后出现厌奶如何应对？

Q：我家宝宝9个月了，从6个月开始添加辅食后，我们还是按照医生的建议，保证他每天的奶量。可不知道为什么，从上周开始，他突然不愿意喝奶了，每次我把奶瓶放到他嘴边，他就用手往外推。如果是用小勺喂的话，他吃第一口，发现是奶之后，就再也不张嘴了。请问孩子出现厌奶，我该怎么做？

A：尝试过味道较浓的食物，孩子就会对味道平淡的奶失去兴趣。

孩子添加辅食后，如果家长给他提供了味道相对"香浓"的食物，如甜甜的果汁、加了调味品的成人饭菜等，孩子被这种味道吸引，自然而然地就会对味道相对平淡的母乳或配方粉失去兴趣。

预防这种现象发生的做法，首先是不要过早给孩子喝果汁、添加味道较浓的食物，同时也不要在辅食中添加调味品。

如果孩子是之前喝了果汁导致的，这种情况，可从两个方面入手：

一是使用系统脱敏的方式，如在果汁里逐渐增加水的比例，让果汁一点点变淡，直至最后变成白水。

二是用孩子喜欢的味道作为引子，如在配方粉中兑少许的果汁，提高孩子对奶的接受度，然后再慢慢去掉果汁成分。

一喂辅食，宝宝就用舌头往外顶，怎么解决?

Q：我家宝宝7个月了，我从他6个月起就开始尝试着给他添加辅食，但不知道为什么，只要一喂他吃辅食，他就用舌头往外顶，有什么好办法可以让宝宝接受辅食吗?

A：咀嚼能力不足、对新味道的抵触、神经系统发育不良等都有可能使孩子拒吃辅食。

孩子刚开始还不熟悉吃辅食的进食方式，用舌头往外顶是正常的，一般多尝试几次就好了。如果孩子持续较长时间还用舌头往外顶，不接受辅食，大多是由以下几种原因造成的：

第一种原因有可能是他还没有学会真正的咀嚼。如果是这种情况，家长在喂孩子食物时，要在他面前夸张地做出咀嚼、吞咽的动作，让孩子跟着学。慢慢地学会后，就会开始接受这种喂食方式了。

第二种原因有可能是孩子对新的味道不接受。这种情况常见于性格比较"保守"的孩子，他们对于新事物的接受时间会比其他孩子相对长一些。面对这种情况，家长可以多鼓励，要温和而坚定地坚持喂食，也可以在新食物里添加一定比例的奶，帮助他喜欢上新食物后，再慢慢去除。

第三种原因，如果还存在其他发育问题，需要考虑孩子的神经系统发育是否存在问题。我曾经接诊过一位小患者。孩子2岁多了，还存在进食问题，我发现除此之外，他的运动能力、理解能力都存在一定的问题。经检查诊断，他确实患有轻度脑瘫。如果是疾病原因导致的进食困难，一定要通过医疗手段进行治疗、干预，从健康的角度全面应对。

吃米粉长湿疹要换品牌吗？

Q：我家宝宝6个多月，第一次添加高铁米粉，吃后有过敏反应，口、眼、脸颊均有湿疹现象。连吃3天后，过敏反应依然存在，遂停止米粉添加，症状就消失了。此后又试了一次，又出现了同样的过敏反应。请问是继续给宝宝吃这种米粉，还是换一个品牌的米粉？如果换一种米粉宝宝还是过敏，是不是宝宝都不能吃含有大米的食物了？

A：各种品牌的米粉基础营养成分基本一样，更换的意义不大。

通过家长的描述已经证明，孩子食物回避+激发试验呈阳性了，因为他连吃着都会有这种现象。对于米粉过敏的问题，为了确定孩子是对纯米成分过敏，还是对营养米粉中的添加剂过敏，接下来，不妨把米粉换成米粥。如果米粥吃完后没有出现过敏现象，说明孩子对于大米不过敏，只是对米粉中的添加成分过敏，以后就需要放弃购买成品米粉，改为自制米粥或米糊。由于成品米粉里有一些强化的营养素，自制辅食在这方面存在一定的劣势，所以要逐步地在自制米糊或米粥里加菜泥、肉泥，以保证孩子的营养摄入。

所有的成品米粉都会或多或少地含有添加剂，而且基础营养成分基本是一样的，更换其他牌子的米粉意义不大，仍然会有过敏的可能。如果吃米粥后有反应，那么建议家长选用其他谷物的米粉类型。

另外要注意的是，过敏食物回避的时间最少半年，在这个时间里如果再添加过敏食物，会加重孩子的过敏反应。

生病后不爱吃辅食了怎么办?

Q：我儿子11个月了，前不久他感冒了，没生病之前，他的胃口可好了，辅食添加从来没有遇到过什么困难，可自从感冒后，他就变得不太爱吃东西了。这两天，他病情好了一些，但食欲依旧不好，请问我该怎么办?

A：孩子生病后食欲不佳是正常现象，在给孩子提供一些易消化的食物的同时，家长要做到不强迫进食，不增加新食物。

因为生病会使孩子的胃肠功能受到一定的影响，同时生病期间的各种可能带有甜味剂的婴儿药物也会在一定程度上影响孩子对食物的接受度。

对待孩子生病后不爱吃饭的现象，家长可以从几个角度入手：

一是喂孩子一些容易消化的食物。虽然生病的孩子胃肠道的消化吸收功能相应减弱，但还是可以接受一些容易消化的食物，患病期间合理的饮食有利于疾病的恢复。

二是别强迫孩子多吃。孩子在患病的恢复期如果过度进食，有可能会引起消化不良，也有可能会引起孩子的抵触心理。所以在进食量上家长一定要顺其自然。如果孩子的身体状况明显恢复，也可每天给孩子增加一餐，这样的话，虽然每餐的量相对少，但一天的总摄入量就与正常情况下差别不大了。

三是在恢复期间，不要给孩子添加新的辅食种类，以免引起孩子的不适。

后记

2013年,《父母必读》杂志及父母必读养育科学研究院共同推出"推动自然养育人物"的评选,旨在倡导尊重儿童成长的规律,倡导回归健康自然的养育方式。

那一年,一位医生当之无愧地成为年度人物。入选理由为:坚持不懈地做医学科普宣传,做儿童健康的坚定守护者,让孩子少吃药、少用抗生素,相信自身免疫力,让无数父母减少了对疾病的恐惧……用信念与勇气、实践与坚持,抚慰着这个时代的育儿焦虑,引领自然育儿风尚。

这位医生是崔玉涛。从2002年,在《父母必读》杂志开设"崔玉涛大夫诊室"栏目起,我们便共同致力于一件事情——儿童健康科普传播。一晃十几年已过,虽然今天传播的介质不断发生着变化,初心却不曾改变。

继"崔玉涛大夫诊室"栏目十年磨一剑的大成之作《崔玉涛:宝贝健康公开课》后,再度碰撞出新的火花——"崔玉涛谈自然养育"。这套书充分体现着一位优秀儿科医生一贯倡导的理念与思维方式:尊重儿童成长的规律,运用"科学+艺术"的方式让儿童获得身心的健康。

同时,作为彼此理念高度一致、相互信赖的伙伴,在崔玉涛医生的邀请下,《父母必读》杂志、父母必读养育科学研究院为这套丛书注入了一些儿童心理与社会学视角,希望全角度地帮助家长读懂成长中的孩子。

"科学+艺术""生理+心理""自然+个性",有温度有方法,真心希望这套图书能够帮助更多的年轻父母穿越育儿焦虑的困境,回归自然的养育方式,充分享受为人父母的旅程。

特别感谢由覃静、段冬梅等组成的编辑团队对本套图书的付出与贡献。

恽 梅

《父母必读》杂志主编